T0210011

essentials

essentials liefern aktuelles Wissen in konzentrierter Form. Die Essenz dessen, worauf es als „State-of-the-Art" in der gegenwärtigen Fachdiskussion oder in der Praxis ankommt. *essentials* informieren schnell, unkompliziert und verständlich

- als Einführung in ein aktuelles Thema aus Ihrem Fachgebiet
- als Einstieg in ein für Sie noch unbekanntes Themenfeld
- als Einblick, um zum Thema mitreden zu können

Die Bücher in elektronischer und gedruckter Form bringen das Expertenwissen von Springer-Fachautoren kompakt zur Darstellung. Sie sind besonders für die Nutzung als eBook auf Tablet-PCs, eBook-Readern und Smartphones geeignet. *essentials:* Wissensbausteine aus den Wirtschafts, Sozial- und Geisteswissenschaften, aus Technik und Naturwissenschaften sowie aus Medizin, Psychologie und Gesundheitsberufen. Von renommierten Autoren aller Springer-Verlagsmarken.

Weitere Bände in der Reihe http://www.springer.com/series/13088

Andreas Fath

Mikroplastik kompakt

Wissenswertes für alle

 Springer Spektrum

Andreas Fath
Fakultät Medical and Life Sciences,
Hochschule Furtwangen
Villingen-Schwenningen, Deutschland

ISSN 2197-6708   ISSN 2197-6716   (electronic)
essentials
ISBN 978-3-658-25733-0   ISBN 978-3-658-25734-7   (eBook)
https://doi.org/10.1007/978-3-658-25734-7

Die Deutsche Nationalbibliothek verzeichnet diese Publikation in der Deutschen Nationalbibliografie; detaillierte bibliografische Daten sind im Internet über http://dnb.d-nb.de abrufbar.

Springer Spektrum
© Springer Fachmedien Wiesbaden GmbH, ein Teil von Springer Nature 2019, korrigierte Publikation 2019

Springer Spektrum ist ein Imprint der eingetragenen Gesellschaft Springer Fachmedien Wiesbaden GmbH und ist ein Teil von Springer Nature
Die Anschrift der Gesellschaft ist: Abraham-Lincoln-Str. 46, 65189 Wiesbaden, Germany

Was Sie in diesem *essential* finden können

- Eine umfassende Erklärung was Mikroplastik ist, wo es überall herkommt und welche Gefahren damit für Mensch und Umwelt verbunden sind
- Aktuelle Ergebnisse über die Verteilung von Mikroplastik in Gewässern
- Ausführliche Darstellung umsetzbarer Maßnahmen, um Mikroplastik zu reduzieren bzw. zu vermeiden
- Ein Ausblick, wie spezifische Eigenschaften von Mikroplastik sinnvoll genutzt werden können

Vorwort

Werden wir in den kommenden Jahren in unserem eigenen Plastikmüll ersticken? Oder schaffen wir es noch rechtzeitig die Kurve zu kriegen?

Laut Gesetzesvorlage der EU-Kommission und des Europaparlaments soll Einwegplastik wie Trinkhalme, Wattestäbchen, Plastikbesteck und -Teller innerhalb Europas verboten werden. Die stetig wachsende Plastikmüllmenge ist eine Gefahr für die Umwelt und den Menschen, der den Plastikmüll in Form von Mikroplastik aufnimmt. In Europa fallen jährlich 28 Mio. Tonnen Plastikmüll an, davon 8–9 Mio. Tonnen in Deutschland.

Warum muss es überhaupt erst zu Verboten als ultimative Lösung für Umweltprobleme kommen, in einer Gesellschaft, die sich mit Industrie 4.0, minimalinvasiver robotergesteuerter Chirurgie, der Digitalisierung, der Einführung von künstlicher Intelligenz und autonomen Transportsystemen beschäftigt? Die Tatsache, dass wir immer noch mit Einwegplastik leben, zeigt, dass wir uns lange keine Gedanken über Konsequenzen unseres Massenkonsums an Plastik gemacht haben, sondern uns euphorisch der schier unerschöpflichen Anwendungsmöglichkeiten, bei kleinem Preis, ergeben haben. Schafft das Vertrauen in der Frage darüber, ob wir uns ausreichend über die Konsequenzen von anderen Zukunftstechnologien inmitten unseres „Plastikzeitalters" gemacht haben?

Es werden große Anstrengungen von Politik und Wirtschaft unternommen, indem Recyclingkonzepte gefördert, Nachhaltigkeitsstrategien ausgearbeitet und Ökobilanzen für Produkte erstellt werden, die dem Verbraucher dann auch in den sogenannten Nachhaltigkeitsberichten zugänglich sind. Aber solche Konzepte sind häufig nicht konsequent genug zu Ende gedacht.

Es hat den Anschein, dass aus Profitgründen 90-prozentige Problemlösungen subventioniert und umgesetzt werden, ohne sich über Konsequenzen der restlichen 10 % Gedanken zu machen. Oder dieser letzte Schritt zu einer

100 %-Lösung wird bewusst ignoriert, da er zu hohe Kosten verursacht und somit der gesamte Prozess unrentabel wird. Die Folgen einer solchen Denkweise erkennen Unternehmen dann erst zu spät oder ignorieren sie zu lange, so dass die Kosten für die „Reparaturen des Schadens" immens werden und diese dann die Gesellschaft zu tragen hat.

Lernen sollte man doch daraus, dass in der Produktentwicklung nicht nur die Material- und Verarbeitungskosten berücksichtigt werden, sondern auch die anfallenden Kosten für die Entsorgung bzw. die Wiederverwendung nach Ablauf der Produktlebenszeit. Diesem Ansatz müssten sich aus markwirtschaftlichen Gründen natürlich weltweit alle Unternehmen verpflichten. Im internationalen Vergleich würden Entsorgungs- und Wiederverwertungsstrategien harte Wettbewerbskriterien werden und gleichzeitig die Umwelt entlasten.

Zu Weihnachten 2018 bekamen alle Familienmitglieder von meinem jüngsten Sohn ein personalisiertes Shampoo geschenkt. Zwar in einer Plastikflasche, doch individuell gestaltet mit einem besonderen Etikett, das ein unvergessliches persönliches Ereignis fotografisch auf die Shampooflasche fixierte. Darunter war zu lesen: Brüdershampoo, Freudschaftsshampoo, oder Vater-Sohn-Elixier. Es war der „Renner" unter dem Weihnachtsbaum. Wenn die Flasche leer ist, wird sie mit Sicherheit keiner wegwerfen, sondern wir werden versuchen sie wieder zu füllen. Leider gibt es bisher zu wenig Nachfüllstationen aber „personalisiertes Plastik" könnte ein Ansatz sein, um durch Wieder- und Wieder-Verwendung Plastikmüll, zusätzlich zu den Verboten, zu reduzieren.

Prof. Dr. Andreas Fath

Inhaltsverzeichnis

Plastik ist ein allgegenwärtiges Thema. Auf allen Social-Media-, Rundfunk- und Fernsehkanälen der Republik kann man dazu Beiträge verfolgen. Auch die internationale Politik, Aktivisten, Umweltorganisationen, Verbraucherverbände und Forschungseinrichtungen beschäftigen sich mit Plastik, allerdings mit dessen negativen Eigenschaften, denn die Plastikvermüllung unseres Planeten ist natürlich mit Recht ein globales Thema. Die Studie der Allen Mc Arthur Stiftung, wonach wir 2050 in unseren Weltmeeren mehr Plastik als Fisch vorfinden werden, sofern die 192 Küstenstaaten, die dazu herangezogen wurden ihr Abfallmanagement nicht verbessern, hat auch die Bevölkerung wachgerüttelt und sie für das Thema Plastikmüll sensibilisiert. Wir haben zwar immer noch nicht die Plastikmüllstrudel unserer Zivilisation in den Ozeanen vor Augen bzw. wähnen sie sehr weit weg, doch bei der Vorstellung in kommenden Urlauben bei einem erfrischenden Bad im Meer nur noch von Plastikmüll umspült zu werden, zeigt Wirkung. Aber auch heute schon sind Anblicke von Meeresstränden wie dem in Mosambik (Abb. 1.1) oder von Flussufern wie dem am Tennessee River bei Knoxville (Abb. 1.2) keine Seltenheit und lassen erahnen, dass aus der Prognose leicht Gewissheit werden kann.

Schaut man sich das Schicksal unserer Plastikprodukte weltweit an, ist das Resultat ein Erschreckendes. Seit dem Beginn der Massenproduktion von Kunststoffprodukten sind 6,3 Mrd. Tonnen Plastik produziert worden (2015) mittlerweile sind es bereits 8,3 Mrd. (2017). Nur 9 % davon wurden recycelt und 12 % verbrannt. Die restlichen 79 % landen auf Deponien in der Umwelt oder sind noch in Gebrauch (siehe Abb. 1.3).

© Springer Fachmedien Wiesbaden GmbH, ein Teil von Springer Nature 2019
A. Fath, *Mikroplastik kompakt,* essentials,
https://doi.org/10.1007/978-3-658-25734-7_1

Abb. 1.1 Strand in Mosambik

Abb. 1.2 Seitenarm des Tennessee River bei Knoxville/Tennessee

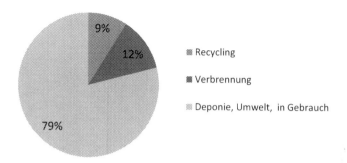

Abb. 1.3 Schicksal der weltweit produzierten Plastikprodukte bis 2015. (Quelle: Roland Geyer|University of California)

Mikroplastik

Neun Mio. Tonnen Plastik gelangen jährlich in unsere Weltmeere und der *National Geographic* titelte auf seiner Juniausgabe (2018), das sei nur die Spitze des Eisberges (siehe Abb. 1.4). Einerseits, da bis 2050 die bis dahin produzierte Plastikmenge auf 34 Mrd. Tonnen angestiegen sein wird und andererseits deshalb, weil nur etwa 1 % der berechneten Plastikmüllmenge an der Oberfläche wieder auffindbar ist. Kunststoffe haben je nach Typ eine Verrottungs- bzw. Zersetzungszeit von 450 Jahren bis unbestimmt. Wohin ist also der ganze Rest verschwunden? Einiges des sogenannten „missing plastic" ist in die Tiefsee gesunken, hat sich im arktischen Eis agglomeriert, wurde wieder an Strände angespült oder hat die Mägen von Millionen von Meerestieren pro Jahr gefüllt, die daran zugrunde gingen. Knapp 700 Arten sind davon betroffen.

Ein Großteil des Plastikmülls zersetzt sich unter dem Einfluss von UV-Strahlung und mechanischer Belastung zu mikroskopisch kleinen Einzelteilen, dem sogenannten Mikroplastik (Partikeldurchmesser<5 mm bis 1 mm = Large Microplastic Particles (LMP);<1 mm Small Microplastic Particles (SMP)). Die Abb. 1.5 zeigt den mechanischen Zerfall von makroskopischem Plastikmüll zu immer kleineren Stücken, forciert durch den Wellengang und den Abrieb durch den Sand und das Gestein am Strand.

Auch in der Abb. 1.6 wird der mechanische Einfluss durch die Krafteinwirkung auf eine versprödete Polyethylen-Folie deutlich sichtbar. Die Folie hatte sich am Ufer der Kinzig verhakt. Die tribologische Einwirkung (Abrasion) des vorbeitransportierten harten mineralischen Gesteins und anderem Treibgut hinterlässt seine deutlichen Spuren in der Folie. Das fehlende Material (kleine Löcher)

Abb. 1.4 Titelseite der Juniausgabe 2018 des National Geographic, die dem Plastikmüll eine ganze Ausgabe gewidmet hat

Abb. 1.5 Ausbeute nach einer Flutphase in einer 10 m breiten Bucht an der kantabrischen Atlantikküste bei Comillias. Makroplastik auf dem Weg über Mesoplastik (5–25 mm Partikeldurchmesser) zu Mikroplastik. Die Kunststoffausbeute nach der darauffolgenden Flut war vergleichbar. Durch den Abrieb der Kunststoffartikel über den Gesteinsbrocken und dem sandigen Untergrund, während der Wellenbewegungen, kommt es zu mechanischer Zerkleinerung

ist als sogenanntes *sekundäres Mikroplastik* unterwegs von der Kinzig über den Rhein in den Atlantik.

Doch nicht nur Mikroplastik, sondern auch Makroplastik sinkt ab und verschwindet aus unserem Sichtbereich als verschwundenes Plastik wie z.B Kunststoffflaschen aus PBT (Polybutylenterephthalat). Sobald diese Kunststoffflaschen mit Wasser gefüllt sind sinken sie mit einer Dichte bis 1,4 g/cm^3, die größer als die des Wassers ist (1 g/cm^3), unweigerlich ab, wie hier auf dem Grund des Hochrheins zu sehen ist (siehe Abb. 1.7). Viele andere Kunststoffe wie PET, PVC und Polyamide mit einer größeren Dichte als Wasser ereilt das gleiche Schicksal und sie sinken im Flussbett oder im Meer trotz Salzgehalt ab.

Abb. 1.6 Plastikfolie (Polyethylen) aus der Kinzig mit Löchern vom mechanischen Abrieb

Abb. 1.7 Plastikmüll auf dem Grund des Rheins bei Rheinau

Mikroplastik – Definition, Entstehung und Verwendung

Kunststoffe, die umgangssprachlich auch als Plastik (nicht zu verwechseln mit einer Plastik oder Skulptur eines Bildhauers) bezeichnet werden, werden aufgrund ihrer Haltbarkeit vielfältig eingesetzt. Dadurch ergeben sich Probleme mit der umweltschonenden *Entsorgung* (Kap. 4), wobei insbesondere Mikroplastik eine besondere Rolle einnimmt.

Die Vorsilbe „Mikro" stammt vom Griechischen *mikros*, was so viel bedeutet wie „klein". Mit „Mikro" bezeichnen wir heute den einmillionsten Teil z. B. eines Meters. Damit liegen wir in der Größenordnung von µm. Bei Mikroplastik handelt es sich also um kleine Kunststoffpartikel oder Fasern.

Kunststoffe wiederum sind halb- oder vollsynthetisch hergestellte makromolekulare Werkstoffe. Zur Herstellung von halbsynthetischen Werkstoffen werden natürliche Polymere, sogenannte Biopolymere, wie beispielsweise Cellulose herangezogen, die durch Veresterung zu Kunstseide weiterverarbeitet werden. Die vollsynthetischen und nichtabbaubaren Kunststoffe mit einer Verrottungszeit von mehreren Tausend Jahren werden aus sogenannten petrochemisch hergestellten Monomeren synthetisiert. Je nach Funktionalität der Monomere werden die einzelnen Bausteine entweder durch eine radikalische Polymerisation, Polykondensation oder Polyaddition zu linearen oder verzweigten hochmolekularen Molekülketten mit $n > 1000$ Kettengliedern aneinandergehängt. Bei der Polymerisation können auch unterschiedliche Monomere in einer Kettenfortpflanzungsreaktion eingesetzt werden, sodass eine Vielzahl möglicher Polymere entsteht. Dadurch existiert mittlerweile eine breite Palette von Kunststoffen mit unterschiedlichsten Eigenschaften für eine Vielzahl von Anwendungsmöglichkeiten. Kunststoffe sind enorm widerstandsfähig, flexibel, und leicht formbar, sie bestechen durch eine einfache Verarbeitung und sind vor allem ein günstiges Ausgangsmaterial. Für eine Vielzahl von Anwendungen sind Kunststoffe heute

© Springer Fachmedien Wiesbaden GmbH, ein Teil von Springer Nature 2019
A. Fath, *Mikroplastik kompakt*, essentials,
https://doi.org/10.1007/978-3-658-25734-7_2

unverzichtbar. Sie werden in der Automobilindustrie, in der Medizintechnik in der Elektrotechnik, der Haustechnik und der Baubranche, in Spielwaren u. v. m. verwendet. Der größte Anteil an produzierten Kunststoffen wird für Verpackungen eingesetzt. Etwa 39 % der hergestellten Kunststoffe in Europa dienen Verpackungszwecken (PlasticsEurope 2013). Der Bedarf nimmt immer mehr zu: So stieg die weltweite Plastikproduktion von einer halben Million Tonnen im Jahre 1950 bis zu 288 Mio. Tonnen im Jahr 2012. Allein 2012 nahm die weltweite Plastikproduktion im Vergleich zum Vorjahr um 2,8 % zu. Allerdings zeigte sich in Europa zur selben Zeit ein Rückgang der Produktion um 3 %, was jedoch mit 57 Mio. Tonnen pro Jahr noch immer eine enorme Menge darstellt (PlasticsEurope 2013). In einer Studie des Wuppertaler Instituts (Spezial zur Ausgabe 12. Jg. 46 der Kunststoffzeitung *Segen oder Fluch*) wird der Kunststoffeinsatz mit einer weiteren Zunahme um 28 % bis zum Jahre 2030 prognostiziert, wenn keine Recyclat-Initiative erfolgt. Mit zunehmendem Bedarf vergrößert sich dadurch auch die entstehende Abfallmenge. Nicht mehr gebrauchte Kunststoffprodukte landen auf Abfalldeponien, werden verbrannt oder wiederverwertet oder zu einem großen Teil unsachgemäß entsorgt, sodass es zu Schlagzeilen wie „Müllstrudel belastet Nordpazifik – Millionen Tonnen Plastik landen jedes Jahr im Meer" kommt. Auch im Atlantik ist die Anhäufung von Kunststoffen nicht zu übersehen (Abb. 1.5). Dieser anfallende Berg an Kunststoffabfällen kann offensichtlich nicht komplett entsorgt werden. Recycling wirft in vielen Fällen zu wenig Profit ab, und so ist es nicht zu vermeiden, dass ein großer Teil über unterschiedlichste Wege in unsere Umwelt gelangt und dort verheerenden Schaden mit bisher noch unvorhersehbaren Folgen für unsere Umwelt anrichten kann. Sind Kunststoffe erst einmal den äußeren Einflüssen der Natur ausgesetzt, zerfällt der Kunststoff zu immer kleineren Partikeln – man spricht von Mikroplastik, einer unsichtbaren Gefährdung unserer Gewässer.

Das Problem der Akkumulation von Kunststoffen als Makro- oder Mikroplastik in unserer Umwelt hat man teilweise schon erkannt, sodass Entwicklungen für Produkte aus kompostierbaren Kunststoffen bzw. abbaubaren Kunststoffen wie beispielsweise das auf Milchsäure basierende Polylacticacid (PLA) angelaufen sind. Der Vorteil dabei liegt auf dem nachwachsenden Rohstoff und dem recyclingfähigen Polymer (https://www.thyssenkrupp.com/de/produkte/polylactide.html).

Über die genaue Definition von Mikroplastik sind sich die Forscher nicht einig. Es gibt bisher noch keine vereinheitlichte Definition für diese Form von Plastik. So bezeichnet Moore et al. (2011) Plastikpartikel, die größer als 5 mm sind, als Makroplastik, kleiner als 5 mm bezeichnet er als Mikroplastik. In der Veröffentlichung von Browne et al. (2010) werden Plastikfragmente, die kleiner als 1 mm

Tab. 2.1 Größeneinordnung von „Plastik". (Andrady 2011; Cole et al. 2011; Ryan et al. 2009)

Größe der Partikel (mm)	Bezeichnung
>25	Makroplastik
5–25	Mesoplastik
1–5	L-MPP (Large Microplastic Particle)
<1	S-MPP (Small Microplastik Particle)

sind, als Mikroplastik bezeichnet. Der Begriff „Mesoplastik" fällt bei Andrady (2011), um zwischen Plastik, welches mit dem menschlichen Auge erkennbar ist, und solchem, das nur unter dem Mikroskop wahrnehmbar ist, zu unterscheiden.

Mittlerweile werden Plastikpartikel nach ihrer Größe (Durchmesser) definiert (Tab. 2.1).

2.1 Primäres und sekundäres Mikroplastik

Man unterteilt Mikroplastik weiter in primäres und sekundäres Mikroplastik. Zum primären Mikroplastik zählen kleinste Plastikpartikel im Mikrometerbereich, sogenannte „Microbeads". Diese Kunststoffformkörper werden von der Industrie zur Weiterverarbeitung produziert (Liebezeit und Dubaish 2012). Kleinste Plastikteilchen finden Verwendung in der Kosmetikindustrie. In Pflegeprodukten wie etwa Duschgel, Wasch-Peelings, Make-up oder sogar in Zahnpasta wird Kunststoff hinzugegeben. Viele Zahnpasta-Hersteller haben aufgrund der „unsichtbaren Gefahr" mittlerweile auf den Einsatz von Mikroplastik in ihren Produkten verzichtet. Dieser Teilerfolg ist sicher auch ein Verdienst des Bundes für Umwelt und Natur in Deutschland (BUND), der auf seiner Webseite (www. bund.net/mikroplastik) Firmen und deren Produkte, die Mikroplastik enthalten, auflistet und damit gewissermaßen als „Umweltsünder" anprangert. Die Produktpalette ist einige Seiten lang und enthält Gesichtspflege-, Körperpflege-, Fußpflege- und Handpflegeprodukte sowie Shampoos, Duschgels, Puder, Makeup, Concealer, Rouge, Lidschatten, Mascara, Eyeliner, Augenbrauenstifte, Lippenstifte, Lipgloss, Lipliner, Sonnencremes, Rasierschaum und Deodorants. Sollten Sie als Leser dieses Essentials betroffene Kosmetikartikel entdecken, die noch nicht aufgelistet sind, können Sie diese gerne dem BUND als Ergänzung der Produktliste zukommen lassen. Wie Sie erkennen, ob ein Produkt Mikroplastik enthält, erfahren Sie in den folgenden Abschnitten.

Einige Firmen schwenken bereits ein und verwenden keine Kunststoffpartikel mehr in ihren Produkten oder setzen alternative Feststoffe mit den gleichen Effekten ein. An einer Alternative zu Mikroplastik forscht derzeit das Fraunhofer-Institut Umsicht. Dabei stellen die Wissenschaftler kleinste Partikel aus Biowachs im Hochdruckverfahren her. Die kaltgemahlenen Partikel entsprechen in Form und Größe dem klassischen Mikroplastik. Dadurch können diese bedenkenlos in Hygiene- und Pflegeprodukten eingesetzt werden (Fraunhofer Umsicht 2014). Andere Naturprodukte, wie beispielsweise zermahlene Walnussschalen oder Traubenkerne, erfüllen ebenfalls die Funktion eines abrasiven Effekts in Peelings. Des Weiteren werden feinste Plastikpartikel aus Polyethylen zur Luftdruckreinigung eingesetzt, um Schmutz und Rost zu entfernen In der Medizin kommen kleine Plastikpartikel als Vektor für diverse Wirkstoffe zum Einsatz (Patel et al. 2009). Bevor es in die Massenproduktion geht, wird bei der Herstellung von Prototypen Mikroplastik in Form von Polyamidpulver eingesetzt, welches mittels eines positionsgesteuerten Laserstrahls zu einem dreidimensionalen Bauteil zusammengeschmolzen wird (siehe Abb. 2.1). Diese 3 D Drucktechnik ist auf dem Vormarsch nicht nur für Prototypen sondern auch Produkte. Dabei fällt auch Pulver sprich Mikroplastik als Abfall an.

Abb. 2.1 Unterschiedliche Mikroplastikpartikel; links Kunststoffgranulat für den Spritzguss und rechts Polyamidpulver für den 3D Druck

Abb. 2.2 Synthetische Mikrofasern aus der Kleidung. (Abstrich vom Wäschetrocknersieb)

Zu Mikroplastik zählen auch Mikrofasern, die sich beim Waschen aus synthetischen Fleece-Textilien lösen. In Abb. 2.2 sind die mikroskopisch kleinen Fasern zu erkennen. Jene, die nicht mit dem Abwasser der Waschmaschine Richtung Kläranlage abfließen, bleiben im Sieb des Trockners hängen und können somit optisch und IR-spektroskopisch untersucht werden.

Sekundäres Mikroplastik entsteht durch den Zerfall von Makroplastik. Größere Plastikteile werden dabei durch physikalische, chemische oder biologische Prozesse in immer kleinere Bestandteile zersetzt (Abb. 2.3).

Die Abb. 2.3 zeigt, auf welchem Weg sich makroskopische Kunststoffartikel, wie beispielsweise eine PET-Flasche, in der Umwelt zu kleineren Partikeln zersetzen. Dies kann auf rein physikalischem Wege ablaufen, etwa bei einem Großbrand, in dem bei hoher Temperatureinwirkung eine Verbrennung stattfindet. Neben der Oxidation und vollständigen Verbrennung zu Kohlendioxid enthält der Rauch der Brandwolke Plastikpartikel, die in die Atmosphäre geschleudert werden. Es ist nicht auszuschließen, dass Mikroplastikpartikel bei Bränden an Rußteilchen anhaftend in die Luft geschleudert werden. Wie sonst ließe sich erklären, dass auch in zivilisationsfernen Gewässern Mikroplastikpartikel gefunden werden. In Müllverbrennungsanlagen werden diese Partikel durch Rußfilter aufgefangen.

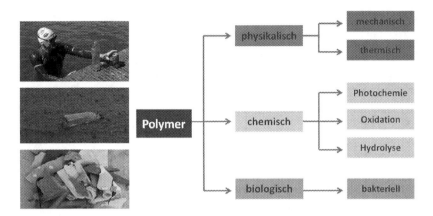

Abb. 2.3 Zersetzungsprozesse beim Abbau von Makroplastik zu Mikroplastik

Die mechanische Zersetzung ist leicht nachzuvollziehen. Sand und Gesteine sind härter als Kunststoffe, auch wenn deren Glasfaseranteilen bis zu 60 %. betragen kann. Wenn Sand und Gesteine über Kunststoffe schmirgeln oder umgekehrt, wie bei den Gezeiten und starken Wellenbewegungen oder Kies in stark strömenden Flüssen wie dem Rhein, entsteht rein mechanisch partikulärer Abrieb und aus Makroplastik Mikroplastik. In Flüssen entsteht diese Situation größtenteils durch abgesunkene Kunststoffflaschen, die sich an den Staustufen zu Hauf sammeln.

Eine chemische Zersetzung kann durch Sauerstoffeinwirkung (Oxidation), UV-Strahlung oder durch eine Reaktion mit Wasser (Hydrolyse) erfolgen. Der aggressive Sauerstoff greift als Diradikal beispielsweise ungesättigte Verbindungen wie Polybutadien an, die energiereiche UV-Strahlung führt zum Aufbrechen von kovalenten Bindungen und Polymide, Polyester oder Polyether können je nach pH-Wert früher oder später in kürzere Fragmente hydrolysiert werden. All die genannten Reaktionen führen zu einer Versprödung der Polymere. Die Kunststoffe werden mit der Zeit brüchig und fallen, durch mechanische Einwirkung unterstützt, in kleinere Teile auseinander.

Anstelle des zersetzenden Angriffs von Wasser, UV-Strahlung und Sauerstoff können auch Bakterien treten. Diese bakterielle Zersetzung von Kunststoffen kann man natürlich auch kontrolliert zur Reduktion von Kunststoffabfällen einsetzen. Das Institut für Molekulare Mikrobiologie und Biotechnologie der westfälischen Wilhelms-Universität Münster beschäftigt sich mit dem mikrobiellen

Abbau synthetischer Polymere (http://mibi1.unimuenster.de/Biologie.IMMB. Steinbuechel/Steinbuechel/Index.html). Die Arbeitsgruppe um Prof. Steinbüchel untersucht den biologischen Abbau verschiedener synthetischer Polymere, in erster Linie Polyethyleneglykol (PEG) und Polypropylenglykol (PPG), aber auch Polyvinylalkohol (PVA) oder Polyacrylat (PA). Dem biologischen Abbau dieser wasserlöslichen Polymere kommt eine besondere Bedeutung zu, da sie aufgrund ihrer Verwendung als nicht-ionische Detergenzien (PEG) in Waschmitteln, aber auch als Emulgatoren in Kosmetika (PPG) oder Chelatbildnern (PA) nicht recykliert und wiederverwertet werden.

Die Auswirkungen von Mikroplastik auf die Flüsse und Seen ist bisher noch weitestgehend unerforscht. Zahllose Untersuchungen an marinen Ökosystemen und deren Bewohnern zeigen jedoch deutlich, welche Folgen Mikroplastik haben kann. Um an das Thema heranzuführen, ist es zuvor wichtig zu klären, wie Kunststoffe aufgebaut sind, wie es zu den vielfältigen Eigenschaften von Plastik kommt und welche Gefahren damit verbunden sind.

Kunststoffe werden in Thermo-, Endo- und Duroplasten eingeteilt. Thermoplasten sind linear angeordnete Kohlenstoffketten, bestehend aus Tausenden aneinandergereihten Monomeren. Dieser Kunststoff wird formbar und schmilzt bei erhöhten Temperaturen.

Thermoplaste sind der am häufigsten eingesetzte Kunststofftyp. Da dieser Typ aufgrund der schwachen physikalischen Bindungen wenig bis gar nicht verzweigt ist, zersetzt sich diese Kunststoffart durch äußere Einflüsse am schnellsten. Neben Thermoplasten existieren vernetzte Makromoleküle, weniger vernetzte Kunststoffe sind elastisch, man ordnet sie den Elastomeren zu. Stark vernetzter Kunststoff ist hart und widerstandsfähig, genannt Duroplast (Saechtling und Baur 2007).

Um die Eigenschaften von Kunststoffen zu verbessern, werden ihnen in der Produktion Additive hinzugefügt, wie z. B. Weichmacher, Farbstoffe, UV-Stabilisatoren, Flammschutzmittel und weitere Inhibitoren. Einige der Zusatzstoffe sind toxisch. Phthalate werden u. a. in Lebensmittelfolien oder Kosmetika eingesetzt. Daneben finden sich andere Schadstoffe wie z. B. Bisphenol A oder Nonylphenol in vielen Kunststoffprodukten (Liebezeit und Dubaish 2012). Gelangt Plastik in ein Gewässer, beginnt die Zersetzung: physikalische, chemische und biologische

---

Die Originalversion dieses Kapitels wurde revidiert. Ein Erratum ist verfügbar unter
https://doi.org/10.1007/978-3-658-25734-7_7

Prozesse zersetzen den Kunststoff in immer kleinere Fragmente. Da Additive nicht chemisch an den Kunststoff gebunden sind, laugen sie aus oder trennen sich beim Zersetzungsprozess vom Kunststoff und werden dann an die Umgebung abgegeben. Geschieht dies in einem Gewässer, können die darin lebenden Organismen Schaden nehmen.

Eine weitaus größere Gefahr für die Wasserbewohner ist allerdings nicht der Zersetzungsprozess selbst, sondern das Endprodukt. Mikroplastik kann von verschiedenen Organismen aufgenommen werden. Beispielsweise verwechseln Fische kleinste Plastikfragmente mit ihrer Nahrung. Lusher et al. (2013) untersuchten zehn verschiedene Fischarten aus dem Ärmelkanal. Bei 36,5 % der insgesamt 504 gefangenen Fische wurde Mikroplastik im Magen-Darm-Trakt der Tiere gefunden. Möglich ist auch, dass die Nahrung der Fische bereits Mikroplastik enthält. Cole et al. (2013) wies die Aufnahme von kleinsten Plastikpartikel mit einem Durchmesser von 1,7–30,6 µm durch Zooplankton nach, das in der Regel das unterste Glied der Nahrungskette darstellt.

Die Aufnahme von Mikroplastik kann wiederum zur Verstopfung des Magen-Darm-Traktes führen oder die Tiere verspüren bei einer Anhäufung von Plastik ein „scheinbares" Sättigungsgefühl. Nicht nur Fische, sondern auch Reptilien, Vögel und Säugetiere sind durch die Aufnahme von Mikroplastik gefährdet. In einer Langzeitstudie zu Seevögeln im Mittelmeerraum fand man im Zeitraum von 2003 bis 2010 Mikroplastik im Magen fast jeden Tieres (Codina-Garcia et al. 2013). Von 44 % aller bisher untersuchten Seevogelarten weiß man, dass sie Plastik durch ihre Nahrung aufnehmen. Wie viele Fische, Säugetiere und Vögel jährlich durch die Aufnahme von Plastik sterben, ist nicht bekannt, man geht aber davon aus, dass es sich um eine Zahl im Millionenbereich handelt (Moore 2008). Es ist anzunehmen, dass eine fortschreitende Zerkleinerung von Plastik in den Gewässern die Wahrscheinlichkeit der Aufnahme von Mikroplastik durch dort lebende Organismen erhöht (Barnes et al. 2009). Mit der zunehmenden Fragmentierung der Kunststoffteile steigt auch die Wahrscheinlichkeit an, dass Mikroplastik in das Gewebe von Organsimen gelangt. Beispielsweise zeigten Untersuchungen an Miesmuscheln (Mytilus edulis), dass Mikroplastikpartikel (80 µm im Durchmesser) in Zellen und sogar in Zellorganellen gelangen und dort zu schweren pathologischen Veränderungen der Organe führen können (Moos 2010). Mikroplastikpartikel können wiederum organische Schadstoffe und toxische Schwermetalle adsorbieren. Da sich die Oberfläche der Partikel durch den andauernden Zersetzungsprozess vergrößert, nimmt die Adsorption von chemischen Schadstoffen zu (Barnes et al. 2009). Mato et al. (2001) untersuchte Plastikgranulate aus Polyethylen, welche an der Küste Japans gefunden wurden. Sie wiesen hohe Konzentrationen an PCB, DDE und Nonylphenol auf, organische Giftstoffe mit zum

Teil krebserregender Wirkung. In einem Experiment mit vergleichbaren Granulaten in Seewasser stellte er fest, dass sich die Konzentration der Schadstoffe innerhalb der Plastikgranulate deutlich erhöhte (Mato et al. 2001).

Bei der Aufnahme von Mikroplastik besteht ebenso das Risiko, dass Schadstoffe an die Tiere abgegeben werden. Tatsächlich zeigt eine Studie von Oehlmann et al. (2009), dass aufgenommene Schadstoffe von Plastikpartikeln auf Organismen übertragen werden. Teuten et al. (2009) beschreiben in einem Experiment an Seevögeln *(Calonectris leucomelas)* ebenfalls, dass nach der Aufnahme kontaminierter Mikroplastikpartikel Schadstoffe sequenziell an den Körper abgegeben werden. Oehlmann et al. (2009) untersuchten die Auswirkungen von Additiven auf die Entwicklung und die Reproduktionsrate von marinen Fischen, Krebstieren, Weichtieren und Amphibien. Dabei stellte sich heraus, dass Phthalate und Bisphenol A einen negativen Einfluss auf manche Lebewesen haben können, allerdings zeigten nicht alle untersuchten Arten negative Veränderungen. Bei Schwertfischen *(Xiphias gladius, L.)* fand man bei einem Viertel der 162 untersuchten Fische intersexuelle Ausprägungen (Metrio 2003). Ebenso wurden weibliche Eisbären dokumentiert, welche zusätzlich rudimentäre männliche Geschlechtsorgane ausgeprägt hatten. Man vermutet, dass das Hormonsystem der Tiere durch synthetisch hergestellte Pestizide gestört wurde (Wiig et al. 1998). Da entsprechende Langzeitstudien fehlen, lassen sich derartige Auswirkungen auf den Menschen nur vermuten. Es existieren Befürchtungen, dass im Plastik enthaltene Additive, Phthalate oder Bisphenol A, das Hormonsystem und andere biologische Mechanismen des menschlichen Körpers schädigen können (Meeker et al. 2009). Die Abb. 3.1 zeigt schematisch, wie aufgelistete oberflächenaktive Substanzen mit einem hohen Adsorptionsvermögen und der entsprechenden Polarität sich an der Oberfläche von Mikroplastikpartikeln anlagern können.

Am Ende der Nahrungskette steht nun mal der Mensch – durch den Verzehr von Fischen und anderen Meeres- und Flussbewohnern kann Mikroplastik also auch vom Menschen aufgenommen werden. Mikroplastik stellt daher eine große Gefahr dar. Mittlerweile haben Forscher Mikroplastik sogar in verschiedenen Lebensmitteln nachgewiesen. So untersuchten Liebezeit und Liebezeit (2014) im Rahmen ihrer Studien zu Mikroplastik deutsche Biere unterschiedlicher Hersteller. In allen 24 getesteten Biersorten fanden sie mikroskopisch kleine Plastikfragmente. Die Anzahl der Teilchen schwankte pro Biersorte zwischen 5 und 79 pro Liter Bier. Laut den Autoren ist dies allerdings noch keine besorgniserregende Menge; es zeigt jedoch, dass Mikroplastik allgegenwärtig in unserer Umwelt vorkommt. Nicht nur unsere Nahrungsmittel sind von Mikroplastik betroffen, sondern auch unser Trinkwasser ist gefährdet. Kunststoffpartikel gelangen auf Deponien oder als Begleitstoffe von Dünger auf unsere Felder. Dort treten photochemische

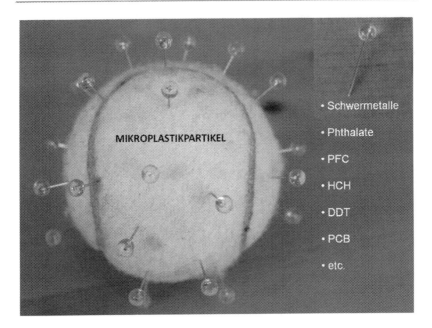

Abb. 3.1 Anlagerungen von Schadstoffen an Mikroplastikpartikel

und mikrobielle Zersetzungsprozesse in Gang, die den Kunststoff verspröden und zerkleinern, sodass ein Eintrag in unser Grund- und Trinkwasser die Folgen sind. Die Mikroplastikbelastungen des Menschen und wie aus Makroplastik Mikroplastik entsteht und in unsere Nahrungskette gelangt, ist anschaulich in der Grafik des Fraunhofer-Instituts Umsicht dargestellt (Abb. 3.2).

3.1   Gefährdung durch Plastik/Mikroplastik

Die ungeheuerlich große und weiterhin ansteigende Menge an Plastikmüll, von dem wir den Großteil nicht wiederfinden, macht uns natürlich Sorgen, gerade wegen des Verschwindens und der Umsetzung zu Mikroplastik. Aus den Augen aus dem Sinn funktioniert nicht mehr, denn der Kreislauf unseres Plastikmülls zurück auf unseren Teller ist bereits geschlossen, auch wenn wir keinen Fisch essen. Mikroplastik ist auch in Meeressalz enthalten und hat unser Trinkwasser erreicht. Aber wie gefährlich ist es? In Laborstudien ist die Toxizität vielfach nachgewiesen worden. Jedoch wurden dabei Mikroplastikkonzentrationen eingesetzt,

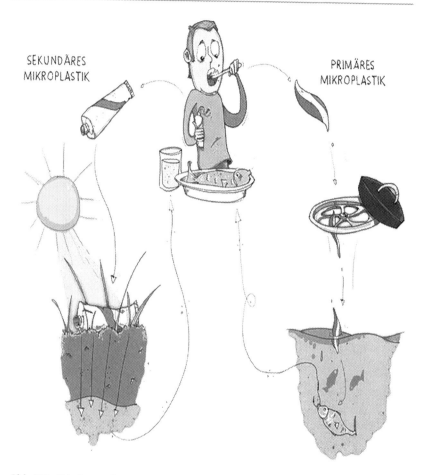

SEKUNDÄRES
MIKROPLASTIK

PRIMÄRES
MIKROPLASTIK

Abb. 3.2 Primäres und sekundäres Mikroplastik in der Nahrungskette. (Quelle: Fraunhofer Umsicht)

die um ein vielfaches höher waren als die in den Ozeanen. Dennoch gibt es bereits Studien an Pacific Austern und Barschlarven, die einen direkten Zusammenhang zwischen ihrer Fortpflanzung und der Mikroplastikkonzentration, wie sie in Sedimenten vorliegen, herstellen. Kritiker zweifeln diesen Zusammenhang mit der Begründung an, dass die verwendete Mikroplastikkonzentration in der Studie von 10–80 Partikeln pro Liter immer noch um Größenordnungen höher wären, als die in unserer Umwelt.

Hierzu sei gesagt, dass die Mikroplastikkonzentration im Tennessee River (Stand 2017) an einigen Stellen bereits 16–18 Partikel (25–500 µm Durchmesser) pro Liter erreicht hat (Im Sediment sicher noch höhere Konzentrationen). Im Rhein sind es durchschnittlich an der Oberfläche nur 0,2 Partikel pro Liter (Fath 2016). Eine Begründung dafür findet man im Abfallmanagement. In den USA bzw. den Südstaaten am Tennessee River wird der Plastikmüll weder recycelt noch verbrannt sondern geht in „land fill" also auf die Deponie oder die Umwelt und irgendwann wird das Land eben so voll, dass die Auswirkungen auch in den Gewässern messbar sind und Effekte erreichen, die bisher nur im Labormaßstab zu erkennen waren.

Ein Fingerzeig auf die „rückständigen" Amerikaner ist dennoch nicht angebracht, denn von den acht Mio. Tonnen getrennten Plastikmüll, die wir in Deutschland jährlich stolz und mit gutem Gewissen in unseren gelben Säcken sammeln wird nur etwa 20 % recycelt und knapp 20 % werden nachdem die Chinesen nicht mehr alles nehmen, nach Vietnam, Malaysia oder Thailand exportiert. Die restlichen 60 % verteilen sich auf etwa 100 Müllverbrennungsanlagen in Deutschland und werden damit thermisch verwertet. Richtig immer noch besser, als dass der Müll in der Umwelt landet und Mikroplastik daraus entsteht aber auch eine Verbrennung geschieht nicht restlos. Es entstehen schädliche thermische Zersetzungsprodukte wie Dioxine, Furane, Formaldehyde, Benzole, Blausäure u. a. Wenn das so einfach wäre, könnten wir ja unseren eigenen Plastikmüll im Kachelofen thermisch verwerten. Ist es aber nicht. Um unsere Umwelt vor diesen schädlichen teils hochgiftigen Emissionen zu schützen, werden die Giftstoffe in Abluftfiltern zurückgehalten. Wenn die Filter voll sind, sind sie so stark kontaminiert und gesundheitsgefährdend, dass sie unter Tage in ehemaligen Bergwerken eingelagert werden müssen, genau wie unsere radioaktiven Abfälle. In Deutschland gibt es 7 solcher Endlagerstätten, die 300–400 Tsd. Tonnen Abfall des Abfalls einlagern. Aus 5 Tonnen Plastikmüll werden mehr als 2 Tonnen hochgiftiger Abfall pro Jahr. Diese Rechnung geht nicht auf, denn die reine Kunststoffverbrennung erzielt nicht nur ein Gewichtsverlust von 40 % eher um 99,9…%. Das heißt im Umkehrschluss, dass mit dem Kunststoffabfall noch andere Abfälle wie Papier-, Bio- und Restmüll mit verbrannt werden und unsere Mülltrennung in gewisser Weise (die 20 % Recycling ausgenommen) eine „Mogelpackung" ist, wie „Die Zeit" in der Aprilausgabe 2018 (Nr. 17) schrieb. Also kein Grund sich auf die Schulter zu klopfen.

Das kontrollierte Verbrennen ist dennoch immer noch besser als den Plastikmüll zu deponieren, da damit die Transformation von Makro- über Meso- zu Mikroplastik unterbunden wird. Solange wir Plastikmüll in unserer Umwelt und den Gewässern vorfinden, solange gibt es dort auch Mikroplastik, dessen Menge wir aufgrund des „missing plastic" nur erahnen können. Dieses Mikroplastik birgt zwei Gefahren auch für den Mensch, der am Ende der Nahrungskette steht.

Zum einen enthalten Kunststoffe Additive wie Weichmacher, UV-Stabilisatoren, Flammschutzmittel, Pigmente, unzählige Verarbeitungshilfsmittel u. v. m. Diese Stoffe können im Wasser freigesetzt werden. Bei 1,4 Mrd. km^3 Wasser auf unserer Erde werden sich die Konzentrationen an der Nachweisgrenze bewegen. Da jedoch Mikroplastik von vielen Wasserlebewesen als Nahrungsquelle betrachtet wird, von einigen sogar bevorzugt gegenüber ihrer gewohnten Nahrung, gelangen sie in den Magen Darm Trakt, in dem veränderte Bedingungen herrschen (niedriger pH, höhere Temperatur, Gegenwart von Verdauungsenzymen). Diese können dazu führen, dass die Additive noch schneller herausgelöst werden und sich in das Fettgewebe einlagern, noch bevor die nicht verstoffwechselbaren Kunststoffpartikel wieder ausgeschieden werden.

Über die gleiche Art und Weise können Schadstoffe, die sich im Wasser befinden, in Organismen gelangen. Das Mikroplastik übernimmt sozusagen die Rolle des Trojanischen Pferdes. Unpolare Substanzen lagern sich auf der Oberfläche oder teilweise sogar im inneren der Kunststoffpartikel an. Durch diese AdSorption kommt es zu einer Agglomeration von Schadstoffen auf dem Partikel. In der Abb. 3.1 ist die Anlagerung von Schadstoffen (Stecknadeln) an einen Mikroplastikpartikel (Tennisball) modellhaft dargestellt.

Dabei können Konzentrationsunterschiede um mehrere Größenordnungen erreicht werden. Der Konzentrationsunterschied zwischen dem Schadstoff auf den Kunststoffpartikeln zur Konzentration des Schadstoffs im Wasser wird durch den Verteilungskoeffizienten K_d bestimmt. In der Tab. 3.1 ist die Verteilung von umweltbelastenden Substanzen, wie z. B. das karzinogen wirkende Phenanthren, das mittlerweile verbotene Pflanzenschutzmittel DDT, sowie der Weichmacher DEHP und das seit 2008 verbotene perfluorierte Tensid PFOA auf zwei unterschiedliche Mikroplastiktypen aufgeführt (Bakir 2014; Tab. 3.1).

Eigene Arbeiten haben gezeigt, dass an Polyamid 45 000 Mal mehr Hormone der Antibabypille adsorbieren als sich im umgebenen Wasser aufhalten. Koppelt man das Hormon an einen Fluoreszenzmarker lässt sich diese Agglomeration sichtbar machen (siehe hierzu Abb. 4.2). Auch diese adsorbierten Substanzen setzen sich im Magen-Darm-Trakt eines Organismus sehr viel schneller frei und

Tab. 3.1 Verteilungskoeffizient von ausgewählten Schadstoffen auf PE und PVC Pulver. (Korngröße 50–100 µm)

K_d	PE	PVC
Phe	52.000	2300
DDT	97.000	105.000
PFOA	500	7
DEHP	98.000	12.000

können ihn vergiften. Darin besteht die eigentliche Gefährdung durch Mikroplastik auch für den Mensch, der kontaminierte Meeresfrüchte oder auch Barsch und andere Fischarten zu sich nimmt.

3.2 Kunststoffinhaltsstoffe (Additive): Eigenschaften und Verwendung

Kunststoffe sind in der Regel keine reinen Polymere, sondern sie enthalten Zusatzstoffe bzw. Additive, welche zugesetzt werden, um die mechanischen, optischen, tribologischen und andere Eigenschaften der Polymere zu verändern bzw. zu erweitern. Dadurch wird das Einsatzspektrum des künstlichen, auf Erdöl basierenden Materials so groß, dass die Jahresproduktion von Kunststoffen in den letzten Jahren stetig bis auf 300 Mio. Tonnen pro Jahr angestiegen ist. Die verwendeten Zusatzstoffe stellen für Mensch und Umwelt nicht selten ein Gefährdungspotenzial dar. Zusammen mit dem Mikroplastik gelangen diese Stoffe in die Umwelt und auch in den Magen-Darm-Trakt unterschiedlicher aquatischer Lebewesen. Da im primären Mikroplastik, welches bevorzugt aus Kosmetikartikeln stammt, kaum Zusätze enthalten sind, stellt die Analyse der Zusätze eine Methode dar, mit der primäres von sekundärem Mikroplastik unterscheidbar ist. Hierdurch besteht die Möglichkeit, Ursachenforschung für eine Mikroplastikverunreinigung in Gewässern zu betreiben. In diesem Kapitel wird eine Auswahl intrinsischer Schadstoffe vorgestellt, die dem Kunststoff bereits im Herstellungsprozess zugesetzt werden. Im Gegensatz zu jenen extrinsischen Schadstoffen, die sich während der Exposition von Mikroplastik im Gewässer aus diesem an den Kunststoffoberflächen anlagern (Adsorption) bzw. einlagern (Absorption).

3.2.1 Weichmacher

Weichmacher sind Substanzen, welche den von Natur aus harten und spröden Kunststoff elastisch machen. Flexible Brauseschläuche oder Kabelisolierungen beispielsweise bestehen hauptsächlich aus PVC. Reines PVC, ohne Weichmacher, kann als starres und stabiles unbiegsames Rohr in Leitungssystemen verwendet werden, während der Zusatz von Weichmachern, auch Plastifizierungshilfsmittel genannt, aus dem Rohr einen flexiblen biegsamen Schlauch werden lässt (Abb. 3.3).

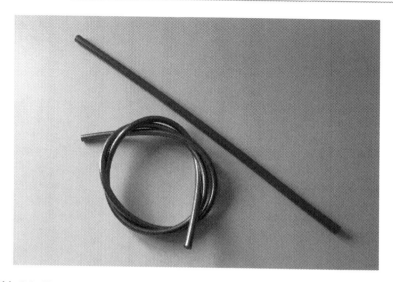

Abb. 3.3 Hart-PVC (Polyvinylchlorid)-Rohr und Weich-PVC-Schlauch

Als Weichmacher werden vorzugsweise hydrophobe flache organische Moleküle eingesetzt. Diese Substanzen lagern sich zwischen die sperrigen Polymerketten (Abb. 3.4) und sorgen so beispielsweise für die Flexibilität einer Folie oder eines Schlauches. Entlang der Weichmachermoleküle können die Polymerketten viel leichter, ohne sich ineinander zu verhaken, aneinander vorbeigleiten. Da die Weichmacher nicht chemisch an die Kunststoffketten gebunden sind, können sie natürlich die Polymermatrix auch verlassen und in die Umgebung freigesetzt werden. Die Freisetzung hängt dabei von einigen Faktoren wie sterischer Hinderung, Löslichkeit, Dampfdruck, Temperatur, K_{ow}-Wert und der Henry-Konstanten ab.

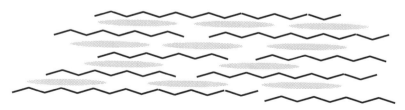

Abb. 3.4 Polymerketten (schwarz) mit zwischengelagerten Weichmachermolekülen (grau)

Die Freisetzung dieser Weichmacher in die Umwelt, ins Wasser, in Nährlösungen oder in den Verdauungsorganen in Mensch und Tier stellt bei den als Weichmacher eingesetzten Stoffen, aufgrund ihrer Nicht-Verankerung, eine weitere Gefährdung dar, die von Kunststoffen und damit auch von Mikroplastik ausgeht.

Die Gruppe der *ortho*-Phthalsäurediester, kurz als „Phtalate" bezeichnet, stellen immer noch die Hauptmenge aller Weichmacher für die unterschiedlichsten in Tab. 3.2 aufgeführten Anwendungen dar. Aufgrund der negativen gesundheitlichen Folgen von DEHP (Diethylhexylphthalat) wird dieses Phthalat nicht mehr in Kinderspielzeugen eingesetzt (Rosado-Berrios 2011; González-Castro 2011). DEHP steht seit 2008 auf der Kandidatenliste der ECHA (Europäischen Chemikalien Agentur) womit für Hersteller eine Informationspflicht gegenüber seiner Kunden besteht. Als Alternative für DEHP (Diethylhexylphthalat) wird von Kunststoffherstellern häufig das z. B. in flexiblen Schläuchen eingesetzte DINP (Diisononylphthalat) angeboten.

Tab. 3.2 Einsatz von Phtalaten als Weichmacher. (IPASUM, o. J.)

Phthalat	Anwendungen
DMP	Körperpflegemittel, Parfums, Deodorants, Pharmazeutische Produkte
DEP	Körperpflegemittel, Parfums, Deodorants, Pharmazeutische Produkte
BBzP	PVC z. B. Transformatoren, Bodenbeläge, Rohre und Kabel, Teppichböden, Wandbeläge, Dichtmassen, Lebensmittelverpackungen, Kunstleder, Lebensmitteltransportbänder
DBP	PVC, Cellulose-Kunststoffe, Dispersionen, Lacke/Farben (auch Nagellacke), Klebstoffe (v. a. Polyvinylacetate), Schaumverhüter und Benetzungsmittel in der Textilindustrie, Körperpflegemittel, Parfums, Deodorants, Pharmazeutische Produkte (*time-release*-Medikamente), (Lebensmittel-)Verpackungen
DEHP	PVC z. B. Bodenbeläge, Rohre und Kabel, Teppichböden, Wandbeläge, Schuhsohlen, Vinyl-Handschuhe, KFZ-Bauteile, Dispersionen, Lacke/Farben, Emulgatoren, (Lebensmittel-)Verpackungen
DnOP	PVC-Produkte (wie DEHP)
DiNP	PVC z. B. Bodenbeläge, Rohre und Kabel, Teppichböden, Wandbeläge, Schuhsohlen, KFZ-Bauteile, Dispersionen, Lacke/Farben, Emulgatoren, Lebensmittel-)Verpackungen
DiDP	PVC z. B. Bodenbeläge, Rohre und Kabel, Teppichböden, Wandbeläge, Dispersionen, Lacke/Farben, Emulgatoren, (Lebensmittel-)Verpackungen

DMP = Dimethylphthalat, DEP : Diethylphthalat, BBzP = Butylbenzylphthalat, DBP = Dibutylphthalat (Di-*n*-butylphthalat und Di-*iso*-butylphthalat), DEHP = Di(2-ethylhexyl)phthalat, DnOP: Di-*n*-octylphthalat, DiNP = Di-*iso*-nonylphthalat, DiDP = Di-*iso*-decylphthalat

DEHP besitzt aufgrund seiner längeren, verzweigten Alkylketten stärkere Wechselwirkungen mit den organischen Bestandteilen des Sediments als das DBP. Das Adsorptionsverhalten von Phthalaten verhält sich damit invers zu ihrer Wasserlöslichkeit. Da der Kohlenstoffanteil in Kunststoffen generell höher ist als der von Sedimenten mit hohen mineralischen Anteilen wie beispielsweise Kalk oder Silicat, ist daher zu erwarten, dass DEHP an Mikroplastik noch stärker adsorbiert.

Es konnte gezeigt werden, dass in einer heterogenen Mischung von Mikroplastik und Wasser die Konzentration von DEHP an den Polyethylen-Mikroplastikpartikeln 100.000-mal größer ist als im Wasser (Bakir et al. 2014).

Trotz ihres geringen Dampfdrucks können signifikante Mengen an Phthalaten durch Ausgasen aus Kunststoffen in die Umwelt freigesetzt werden, da sie nicht kovalent an die Kunststoffmatrix gebunden sind.

Exposition und Toxikologie

Als Weichmacher in Kunststoffen wird eine Vielzahl an Substanzen eingesetzt, hauptsächlich aber Substanzen aus der Klasse der Phthalate. Die fehlende chemische Bindung der Weichmacher an die Polymermatrix führt dazu, dass sie sich überall in unserer Umwelt verteilen. Solange sich Phthalate in Kunststoffen befinden und dort nach und nach „ausbluten", ist der Mensch ihnen permanent ausgesetzt. Man findet sie in unserer Nahrung, dem Trinkwasser, der Luft und in Alltagsgegenständen. Sie entweichen bereits im Extruder bei der Verarbeitung und Temperaturen von 200° C und kondensieren in den Absaugleitungen, entweichen aus Fußböden und Tapeten, gelangen über Deponiesickerwasser in unser Grundwasser, Verpackungsmaterial gibt sie vorzugsweise an das damit verpackte fetthaltige Lebensmittel ab oder sie werden von Kleinkindern über den Speichel aufgenommen, wenn sie ihr Sielzeug in den Mund nehmen (Selke und Culter 2016). Über diese Wege gelangen Phthalate in unseren Körper und das kann, wie man heute weiß, gravierende gesundheitliche Folgen haben.

Die schlechte Ökoeffizienz und vor allem die toxikologischen Eigenschaften einiger Phtalate (González-Castro et al. 2011; Dutescu 2011; BfR 2013) haben dazu geführt, dass bisher einige Vertreter dieser Substanzklasse auf der REACH-SVHC(*Substances of very high concern*)-Kandidatenliste zu finden sind. Für DEHP (Diethylhexylphthalat), DIBP (Disiobutylphthalat), BBP (Benzylbutylphthalat) und DBP (Dibutylphthalat) gibt es seit 2015 ein Verwendungsverbot. Diese zulassungspflichtigen Stoffe, welche im Anhang XIV der REACH-Verordnung zu finden sind, können nur über eine entsprechende Autorisierung weiter eingesetzt werden. Ein weiteres Signal der ECHA (Europäische Chemikalien-Agentur in Helsinki) an die Industrie, generell über den Ersatz von Phthalaten nachzudenken und langfristig zu ersetzen, liefert die SIN-Liste *(Substitute it now)*, auf der weitere Phtalate aufgeführt sind. Früher oder später, sobald die toxikologischen Studien an diesen Substanzen abgeschlossen sind und sie höchstwahrscheinlich ebenfalls als besonders besorgniserregende Stoffe (SVHC) einzustufen sind, werden auch diese Substanzen in die Kandidatenliste eingetragen. Aufgrund der strukturellen Ähnlichkeit der Phthalate ist auch von einem ähnlichen Struktur-Wirkungs-Mechanismus auszugehen.

Für einige Vertreter der Phthalate und hier vor allem für das am intensivsten untersuchte DEHP sind endokrine und teratogene Eigenschaften nachgewiesen. Als EDS (Endokrin Disrupting Substances) können sie die Funktion von Hormonen beeinträchtigen bzw. besitzen selbst hormonähnliche Wirkungen, sodass bestimmte Weichmacher auf Basis von Phthalaten z. B die Unfruchtbarkeit bei Männern verursachen können (NDR 2010; Thalheim 2016). Endokrine Disruptoren (ED) sind Substanzen, welche die biochemische Wirkweise von Hormonen stören können und demzufolge zu Wachtums- und Entwicklungsstörungen führen können. Eine Beeinflussung der Fortpflanzung und eine Anfälligkeit für spezielle Erkrankungen sind durch diese endokrine Eigenschaft möglich. Zu Ihnen zählen nicht nur DEHP und einige andere Phthalate, sondern auch andere Kunststoffinhaltsstoffe wie nicht vernetztes Bisphenol A, welches als Monomer für die Polycarbonatherstellung verwendet wird.

In Tierversuchen an Nagetieren wurde ebenfalls festgestellt, dass die Fortpflanzungsfähigkeit beeinträchtigt wird. Da die Phthalatkonzentrationen in Gewässern aufgrund der schlechten Wasserlöslichkeit sehr niedrig sind und weil sie auch bereits in Kläranlagen am Klärschlamm adsorbieren, ist der Einfluss auf aquatische Lebewesen wie z. B. Fische nicht zweifelsfrei nachgewiesen (Cheng et al. 2013). Durch die Mikroplastikverunreinigungen (Thalheim 2016) steht nun eine neue Quelle von Phthalaten in Gewässern zur Verfügung, da Mikroplastik, mit den darin enthaltenen Additiven, wie den Weichmachern, von Fischen, Muscheln und anderen Lebewesen im Wasser aufgenommen werden (Stryer 1990; Torre et al. 2016; EFSA 2016; Lart 2018; Collard et al. 2017; Van Cauwenberghe und Janssen 2014; Catarino et al. 2018; Lusher et al. 2017). Damit wird die Exposition mit Phthalaten deutlich höher, denn Studien haben gezeigt, dass an Mikroplastik Schadstoffe in hoher Konzentration adsorbieren (Hüffer und Hofmann 2016; Bakir et al. 2014; Hummel 2017) und anschließend in einer simulierten Magen-Darm-Trakt Umgebung, um ein Vielfaches schneller desorbieren als in Wasser (Bakir et al. 2014).

Phthalate werden als Teratogene bezeichnet, da sie aufgrund äußerer Einwirkungen Fehlbildungen am ungeborenen Leben (Embryo) hervorrufen können. Beide negativen gesundheitlichen Auswirkungen hatten zur Folge, dass bereits

1999 die meisten Phthalate in bestimmten Spielzeugen und Babyartikeln verboten (1999/815/EG) wurden. 2004 wurde das Verbot auf alle Spielzeug- und Babyartikel ausgeweitet (2004/781/EG). Es folgte das Verbot in Kosmetikartikeln und Kosmetikzusätzen (2004/93/EG). 2007 wurde die Verwendung von DEHP als Weichmacher in Verpackungen fetthaltiger Lebensmittel verboten. Ab 2015 darf DEHP nach der EU-Chemikalienverordnung REACH in der EU nicht mehr ohne Zulassung für die Herstellung von Verbraucherprodukten verwendet werden, was nicht heißt, dass wir nicht mehr mit DEHP in Berührung kommen, denn weiterhin dürfen Fertigprodukte, sogar Lebensmittel, von außerhalb Europas importiert werden, die DEHP enthalten, wie das Beispiel der Blutbeutel zeigt.

Die Mitgliedsstaaten der Europäischen Union (EU) stuften nicht nur DEHP, sondern mittlerweile auch die Phthalate DIBP, DBP und BBP als fortpflanzungsgefährdend ein. Nach 67/548/EEC werden für den Umgang mit DEHP, DBP, BBP und DIBP daher folgende Gefahrenhinweise verwendet:

- R 60: Kann die Fortpflanzung beeinträchtigen
- R 61: Kann das Kind im Mutterleib schädigen

Zubereitungen, die mehr als 0,5 % der genannten Phthalate enthalten, müssen EU-weit mit dem Buchstaben T (Toxic) und dem Giftsymbol gekennzeichnet werden. Es wird zwar versucht, phtalathaltige Weichmacher zu substituieren, doch ist dies bisher nur teilweise gelungen. Als Alternativen sind hier neben Hexamoll DINCH, Pevalen, Diethyhexylterephtalat (eigentlich streng genommen auch ein Phthalat als Ester der Terephthalsäure), Alkysulfonsäureester, Acetyltributylcitrat, acetyliertes Ricinusölderivat oder epoxidiertes Sojaöl zu nennen. Trotzdem sind in allen anderen in Tab. 3.2 aufgelisteten Einsatzgebieten Phthalate immer noch in großen Mengen enthalten. Sogar in Medizinprodukten wie Blutbeuteln, Infusionsbeuteln, Dialysebeuteln, Urinbeuteln, Kathedern, Intubationsschläuche, Handschuhen, Kontaktlinsen und vielen anderen PVC-haltigen Produkten der Medizin wird DEHP als Weichmacher immer noch eingesetzt (Rosado-Berrios et al. 2011). Zwar gibt es mittlerweile alternative Weichmacher in der Medizin (Lagerberg et al. 2015), doch hält sich DEHP als einziger Weichmacher mit FDA-Zulassung (Choi et al. 2012) in medizinischen Geräten hartnäckig. Seiner hohen toxischen Effekte auf Reproduktionssyteme (BMG 2005) stehen der gute Schutz der roten Blutkörperchen vor einer Hämolyse in den Blutkonservierungbehältern gegenüber. Die Zellen behalten über längere Zeit ihre Morphologie, die osmotische Stabilität ist gewärleistet und die Zellen zeigen eine verbesserte Wiederfindungsrate 24 h nach einer Transfusion, sofern das Blut in Blutbeuteln mit DEHP konserviert wurde (Lagerberg et al.).

Verbreitung im Wasser und gesundheitliche Gefährdung
Wie sieht die Freisetzung von Weichmachern ins Oberflächengewässer aus? Dies
wurde am Beispiel eines Brauseschlauchs aus Weich-PVC untersucht. Einerseits
fließt Trinkwasser in unseren Duschen durch ihn hindurch, bevor es als Grau-
wasser das Haus in Richtung Kläranlage verlässt und zu Oberflächenwasser wird.
Andererseits kommt der Badewannenschlauch mit dem schaumigen Badewasser
in Kontakt. In beiden Fällen können Weichmacher ins Wasser freigesetzt werden,
was vor allem dann ein Problem wäre, wenn das Wasser aus dem Brausekopf tatsächlich als Trinkwasser verwendet und getrunken wird.

Produkte, die in Deutschland im Trinkwasserbereich eingesetzt werden, müssen die Trinkwasserverordnung erfüllen. Bei Kunststoffen müssen dafür die
Normen zweier Prüfverfahren erfüllt werden. Zum einen die DVGW-270-Prü-
fung, welche das Wachstum von Mikroorganismen auf Kunststoffoberflächen
untersucht, und zum anderen die sogenannte KTW(Kunststoffe im Trinkwasser)-Prüfung, bei der im Wesentlichen die Parameter Klarheit, Färbung,
Geruch, Geschmack und die Abgabe von organisch gebundenen Kohlenstoffen
(TOC) bewertet werden.

Für eine Zulassung muss der Prüfstelle die Rezeptur des zu prüfenden Pro-
dukts zur Verfügung gestellt werden. In Tab. 3.3 ist die Rezeptur eines Schlauches
aufgeführt.

3.2.2 Stabilisatoren

Die meisten Kunststoffprodukte sind der Sonnenstrahlung ausgesetzt, vor allem
in Außenbereichen. Der UV-Anteil dieser Strahlung, welcher nicht in der Atmosphäre durch die Ozonschicht adsorbiert wird, die sogenannte UV-A-Strahlung
im Wellenlängenbereich von 315–380 nm ist ausreichend energiereich, um nach

Tab. 3.3 Zusammen-
setzung eines PVC-
Granulats für die
Schlauchherstellung

Substanz	Anteil in %
PVC	>60
Phthalat-Weichmacher (DINP)	<40
Stabilisator-Mix auf Zinn-Basis	<2
Gleitmittel (Amidwachs)	<1
UV-Stabilisator (auf Basis Benzotriazol)	<0,5
Schönungspigment (Bläuungspigment)	<0,5

$E = h\nu$ Kohlenstoff-Kohlenstoff-Bindungen mit einer Bindungsenergie von etwa 300 kJ/mol homolytisch zu spalten. Durch die Abnahme der Ozonschicht aufgrund von Treibgasen erreicht auch ein immer größer werdender Anteil der höher energetischen UV-B-Strahlung (280–315 nm) die Erde. Die UV-strahlungs-induzierte Zersetzung des Kohlenwasserstoff-Polymergerüsts über radikalische Zwischenstufen und Rekombinationen mit dem Sauerstoffdiradikal führt zu Veränderungen des Materials. Durch den photolytischen Aufbruch der Hauptketten und der Peroxidbildung kommt es zu Farbveränderungen im Kunststoff, der immer gelbstichiger wird, je länger er der Sonnenstrahlung ausgesetzt ist. Man spricht hier von einer zunehmenden Vergilbung des Kunststoffs. Durch die Dauerbestrahlung ändert sich nicht nur die Farbe der polymeren Werkstoffe, sondern mit den neuen molekularen Strukturen werden die mechanischen Eigenschaften wie Bruchdehnung, E-Modul und Duktilität negativ beeinflusst. Die optischen Mängel (Vergilbung) zusammen mit dem Werkstoffbruch oder der Rissbildung auf der Oberfläche tragen zum Materialversagen bei. Um die sogenannte Bewitterungsstabilität von Kunststoffen zu verbessern, werden dem Polymer UV-Absorber als Additiv zugesetzt. Die Effektivität unterschiedlicher UV-Absorber wird durch die sogenannte Gelbfärbungsinduktionszeit ermittelt. Das ist die Zeit, die benötigt wird, bis bei einem Kunststoff mit einer bestimmen UV-Absorberkonzentration nach Bestrahlung die gleiche Gelbfärbung gemessen wird, wie ohne den Einsatz eines UV-Absorbers. Je nach Konzentration können durch den Einsatz von UV-Absorbern über 3000 h erreicht werden (Maier und Schiller 2016). Um reproduzierbare Bewitterungs- bzw. Bestrahlungsbedingungen zu gewährleisten, nutzt man den standardisierten Sun-Test. Hierbei wird eine Xenon-Gasentladungslampe eingesetzt, die das gleiche Strahlungsspektrum wie das Tageslicht emittiert, aber in höherer Intensität. Mit dieser Einrichtung wird die UV-Beständigkeit von Materialien in der Qualitätssicherung geprüft.

Als lipophile Substanzen lösen sie sich einerseits gut in Kunststoffen und Lacken, werden andererseits aus diesen oder aus Kosmetikartikeln in die aquatische Umwelt freigesetzt. Sie besitzen aufgrund ihrer lipophilen Eigenschaft ein hohes Sorptions- und Bioakkumulationspotenzial. UV-Stabilisatoren sind sowohl in Sedimenten als auch in Schwebstoffen nachgewiesen worden. Das Phenol-Benzotriazol UV-360 erwies sich als eine der dominanten Substanzen in Sedimenten und Schwebstoffen und erreichte Maximalkonzentrationen von etwa 60 ng/g Trockengewicht (Wick et al. 2016).

Abbauversuche ergaben, dass Phenol-Benzotriazole in der aquatischen Umwelt fast ausschließlich sorbiert vorliegen und sehr persistent sind (Wick et al. 2016). Mit Mikroplastik ist nun eine neue künstliche Art von Schwebstoffen mit großen Oberflächen in unsere Gewässern gelangt, deren Adsorptionspotenzial gegenüber den allermeisten Umweltschadstoffen, zu denen auch die UV-Absorber gehören, noch nicht erschlossen ist. Mikroplastikpartikel können aufgrund ihrer unpolaren Eigenschaften und niedrigen Oberflächenspannung als „Sorptionsinseln" für UV-Absorber fungieren, ebenso wie sie das auch gegenüber DDT und DEHP tun (Bakir et al. 2014). Die Persistenz oder auch Stabilität und die Eigenschaft der Anreicherung in Organismen (Bioakkummulierbarkeit) zusammen mit den teilweise erwiesenen toxischen Eigenschaften machen einige UV-Absobersubstanzen zu solchen, mit sogenannten pbt-Eigenschaften (persistent, bioakkumulierbar, toxisch). Damit sind sie SVHC-Stoffe und werden nach und nach in die REACH-Kandidatenliste für besonders besorgniserregende Stoffe aufgenommen.

3.2.3 Flammschutzmittel

Flammschutzmittel sind Substanzen, die brennbaren Materialien wie z. B. Kunststoffen zugesetzt werden, um bei einem Brand die Flammenausbreitung zu verzögern oder zu verhindern. Sie werden in Textilien, Möbeln, Teppichen, Fassaden, Dämmstoffen ebenso eingesetzt wie in elektronischen Geräten, wo Zündquellen zu einem Brand führen können (Gächter und Müller 1993). Die Verzögerungszeit, bis ein Brand auf flammgeschütze Gegenstände übergreift, kann Leben retten. Als Flammschutzmittel werden unterschiedliche chemische Verbindungen eingesetzt. Neben den anorganischen, auf Aluminiumhydroxid basierenden Flammschutzmitteln stellen bromierte organische Flammschutzmittel die größte Gruppe dar, noch vor den chlorierten und den Organophosphorverbindungen. Für die Flammschutzfunktion ist die halogene Funktionalisierung entscheidend, unabhängig von der Verbindungsklasse. So können als bromierte oder polybromierte Verbindungen, neben Cyclohexanen, auch Biphenylmethane, Biphenyle, Dibenzofurane oder Dibenzodioxine eingesetzt werden.

Flammschutzmittel wirken durch eine Kombination aus chemischen und physikalischen Prozessen während der Verbrennung. Bei der Pyrolyse der Flammschutzmittel entstehen in der Gasphase Halogenradikale, die den Sauerstoff binden, der die Verbrennung somit nicht weiter fördern kann. Das unter Sauerstoffmangel verkohlende Flammschutzmittel bildet auf dem Brandgut eine Schutzschicht und erstickt quasi das Feuer, da die Sauerstoffzufuhr unterbrochen wird. Endotherme Reaktionen des Flammschutzmittels entziehen dem Brand Energie, wodurch die Temperatur absinkt. Diese Kühlung verlangsamt den exothermen Verbrennungsprozess. Die Verdünnung der brennbaren Gase durch inerte Gase wie HBr, welches bei der Pyrolyse der bromierten Flammschutzmittel entsteht, reduziert die Reaktionsgeschwindigkeit ebenso.

Bromierte Flammschutzmittel kosten wenig und sind mit Kunststoffen gut mischbar. Etliche Verbindungen dieser Stoffgruppe sind persistent, also in der Umwelt schwer abbaubar, und reichern sich in Lebewesen an – sind also bioakkumulativ. Aufgrund der pbt(persistent bioakkumulierbar und toxisch)-Eigenschaften sowie der Gefährdung von Säuglingen und der Umwelt sind die Flammschutzmittel Hexabromcyclododecan, Pentabromdiphenylether (Penta-BDE) und (Octa-BDE) als SVHC-Stoffe klassifiziert und finden sich im Anhang XIV der REACH-Liste wieder, was einem Verwendungsverbot ohne Autorisierung gleichkommt. Weltweit werden um die 2 Mio. Tonnen Flammschutzmittel produziert (2012) und in die entsprechenden Produkte im Haushalt verarbeitet (Troitzsch 2012). So ist es keine Überraschung, dass sie durch Ausdünstungen und Auswaschungen überall hin gelangen. Man findet die lipophilen Flammschutzmittel im Hausstaub, im Blutserum von Tier und Mensch, in der Muttermilch sowie in Sedimenten.

3.2.4 Pigmente

Kunststoffen werden zur Farbgebung Pigmente zugesetzt. Diese können anorganischer oder organischer Natur sein und sind nicht in der Kunststoffmatrix löslich, sondern dispergiert. Es kommen neben den farbigen Schwermetallverbindungen, die je nach Schwermetall mehr oder weniger toxisch sind, für eine Schwarzeinfärbung Ruße zum Einsatz, sogenanntes Carbon Black. Dichtungen und schwarze Kunststoffleitungen in Produktionsstätten oder Hydraulikleitungen im Automobil oder Reifen enthalten Ruß als Schwarzpigment. Da Ruß ein unvollständiges Verbrennungsprodukt von Kohlenwasserstoffen ist, enthält er hauptsächlich Kohlenstoff, verunreinigt mit anderen stabilen Verbrennungsprodukten wie den polycyclischen aromatischen Kohlenwasserstoffen, kurz PAK genannt. Diese Verbindungsklasse besteht aus mindestens zwei kondensierten Ringsystemen. Sie kommen in Mineralölen, Bitumen, Teer, Pech, Ruß und daraus hergestellten Produkten vor. Bis in die 1980er-Jahre fanden PAK Anwendung als Holzschutzmittel oder als Bindemittel im Straßenasphalt. Bei der Entsorgung dieser Altprodukte aus dem Baugewerbe ist der PAK-haltige Abfall als Sondermüll zu deklarieren. In allen Produkten aus Gummi und Kunststoff sind PAKs anzutreffen, im gummiummantelten Hammergriff ebenso wie in der Badeente und den Badeschuhen. Welche PAK in welchen Konzentrationen in den unterschiedlichen Haushalts- und Gebrauchsgegenständen, auch in Kinderspielzeugen, vorkommen und welche Grenzwerte aktuell für die jeweiligen Produkte in Europa festgelegt sind, darüber informiert das Hintergrundpapier des Umweltbundesamtes (2016).

3.3 Quellen von Mikroplastik und Eintrag in die Gewässer

Mikroplastik gelangt auf unterschiedliche Weise in unsere Flüsse und Seen. Dabei kann man zwischen direkten und indirekten Wegen in das Gewässer unterscheiden. Vor allem in der industriellen Schifffahrt, in der Fischerei oder auch durch die Folgen von Tourismus gelangen Kunststoffe bewusst oder unbewusst auf direktem Wege in die Gewässer. Quellen von Mikroplastik sind Granulate aus der Kunststoffproduktion, so ist es möglich, dass Plastikgranulate schon während der Produktion oder beim Transport versehentlich in die Umwelt gelangen (Cole et al. 2011). Dies wird durch mehrere Granulatfunde an Meeresstränden belegt (Claessens et al. 2011; Rios et al. 2007). In den Meeren zählen nicht mehr gebrauchte oder abgerissene Fischernetze zum größten Anteil an gefundenem Plastikmüll (Andrady 2011). Sogenannte „Geisternetze" verbleiben am Grund der Gewässer und fangen weiter Fische, nachdem sie versenkt worden oder verloren gegangen sind (Moore 2008; Lopez und Mouat 2009). Zum indirekten Eintragen von Mikroplastik in ein Gewässer kommt es häufig durch die Nutzung von mikroplastikbelasteten Hygiene- und Pflegeprodukten. Durch den häuslichen Gebrauch der genannten Produkte gelangen Plastikpartikel über das Abwasser in die Kläranlage. Da in den Kläranlagen eine hineichende Filterung momentan noch nicht umsetzbar ist, gelangen die Plastikteilchen fast ungehindert in unsere Flüsse und Seen (HELCOM BASE Project 2014). So gelangen etwa Textilfasern aus Polyester bei jedem Waschvorgang in das Abwasser. Eine Studie von Browne et al. (2011) zeigte, dass pro Kleidungsstück etwa 1900 Kunststofffasern freigesetzt werden. Aber auch Plastiktüten und Plastikflaschen sind Quellen für Mikroplastik, sie gelangen entweder direkt in ein Gewässer oder der Kunststoff zersetzt sich und kleinere Partikel versickern ins Grundwasser und gelangen auf diese Weise in das Gewässer. So fanden Zubris und Richards (2005) kleinste Plastikfasern in Klärschlamm. In der Agrarwirtschaft wird häufig Klärschlamm als Düngemittel für die Felder eingesetzt, und so kommen Agrarprodukte in direkten Kontakt mit Mikroplastik, oder Regen führt zu einer Versickerung der Teilchen. Extreme Wetterbedingungen sind ebenfalls für den Eintrag von Plastikpartikel verantwortlich. Starke Regenfälle spülen die Partikel über die Kanalisation in die Gewässer. Stürme und starke Winde befördern feinste Partikel in bodennahe Schichten der Erdatmosphäre, auf diese Weise kann Mikroplastik kilometerweit an alle erdenklichen Orte gelangen (Liebezeit und Liebezeit 2014).

Nicht nur der Klärschlamm sorgt für Plastikdünger auf deutschen Feldern. Ein Bericht in der Sendung *Kontraste* (ARD 2015) führte zu allgemeiner Verwirrung unter umweltbewussten Verbrauchern. Ob Eierschalen, Obst- und Gemüsereste, Kaffeesatz oder welke Blumen, all das gehört in die Biotonnen und kann dadurch als Kompost wiederverwertet werden. Aus dem Bioabfall wird notwendiger günstiger Dünger für die industrialisierte Landwirtschaft. Eigentlich eine sinnvolle Sache, doch bei genauerer Betrachtung wurde festgestellt, dass die Biotonne die Ursache für eine Umweltverschmutzung mit Mikroplastik ist. Es gelangen immer noch zu viele Kunststoffe in den Kompost. Bei der Verarbeitung des Komposts zu Dünger für die Landwirtschaft wird er zur Homogenisierung geschreddert und dann ausgebracht. Der Kunststoff wird mitgeschreddert und landet ebenfalls auf den Äckern. Da die Bauern ihren Dünger am liebsten vor einem Regenereignis ausbringen, damit er durch den Regen gut in den Boden eindringt, besteht dadurch natürlich die Gefahr, dass die leichten Kunststoffpartikel mit dem Oberflächengewässer abfließen, ohne dabei eine Kläranlage zu passieren. Durch dieses vermeintlich umweltbewusste Handeln wird auch Mikroplastik in unserer Umwelt verteilt und genau das Gegenteil eines nachhaltigen Handelns praktiziert.

Dass bei diesem Vorgehen aus den Kunststoffen durch kontinuierliches Auswaschen von Additiven das Grundwasser und damit auch unsere Lebensmittel gefährdet werden, versteht sich von selbst.

Ein weiteres Beispiel, bei dem eine Verwertungsstrategie nicht konsequent zu Ende gedacht wurde, ist die Fermentation von abgelaufenen Lebensmitteln, hauptsächlich Obst aus Supermarktketten. Da hier große Mengen an Biomasse anfallen, ist der Ansatz daraus z. B. Bioethanol zu gewinnen, ökologisch und ökonomisch sinnvoll. Allerdings nur dann, wenn das Obst vor dem Zerkleinerungsprozess auch ausgepackt wird. Da dies Zeit und Geld kostet, wird gelegentlich nicht sorgfältig ausgepackt oder sogar ganz darauf verzichtet. Dies hat zur Folge, dass auch die Verpackungsmaterialien durch den Schredder gehen und zerkleinert werden. Da die Mikroorganismen, die den Gärprozess in Gang setzen, die Mikroplastikpartikel nicht verstoffwechseln, verbleiben sie in den Gärresten. Diese werden zusätzlich zu den Kunststoffresten aus unserer Biotonne dann inklusive Mikroplastik als Dünger auf die Felder ausgebracht. Auch dieses Beispiel zeigt, dass es zusätzliche, bisher unbekannte Einträge von Mikroplastikpartikel in unsere Gewässer gibt. Problematisch in diesem Fall ist, dass das Oberflächengewässer zum einen nicht in die Kläranlage fließt, sondern direkt in die Flüsse, und dass die kleinsten Mikroplastikpartikel zusammen mit den eingesetzten Pestiziden bis in unser Grundwasser eingetragen werden können.

Kunstrasengranulat

In Autoreifen wurde der PAK-Anteil durch die europäische Gesetzgebung mit der Festsetzung eines Grenzwerts reduziert. Dies ist vor dem Hintergrund neuester

Erkenntnisse, dass der jährliche Reifenabrieb (Dekant und Vamvakas 1994) eine
Hauptursache für die Mikroplastikbelastung in Gewässern darstellt, eine positive
Entwicklung. Nicht bekannt ist, ob die gefundenen Gummipartikel tatsächlich nur
über den Reifenabrieb in unsere aquatische Umwelt gelangen oder ob nicht auch
das auf Kunstrasenplätzen eingesetzte Gummigranulat aus Altreifen dafür verantwortlich zu machen ist. Einige umweltbewusste Vereinsvertreter sind mittlerweile schon auf Korkpartikel als Alternative zum Gummigranulat übergegangen.

Gegenmaßnahmen – Vermeidung, Abbau & Recycling

Kunststoff ist ein smartes, vielseitig einsetzbares Material, mit einem schier unendlichen Anwendungs- und Eigenschaftsspektrum von maximal elastisch bis hin zu metallischen Festigkeitseigenschaften und das bei einem geringen Gewicht. Ohne die leichten Kunststoffbauteile hätte beispielsweise der Spritverbrauch und damit der CO_2-Ausstoß von Fahrzeugen nicht die aktuellen niedrigen Werte erreichen können. Kunststoff ist für viele Anwendungen ein hervorragendes Material, das ist unbestritten, aber aufgrund der massiven Verschmutzung unserer Weltmeere, Küsten, Flüsse, Seen und aller anderen Lebensräume wächst die Kritik, und in erster Linie Umweltverbände, aber auch die Politik und Gesellschaft wird hinterfragen, ob Plastik für jeglichen Verwendungszweck eingesetzt werden sollte. Zumindest solange, bis wir den Stoffkreislauf des Plastiks unter Kontrolle haben, muss der Einsatz von Kunststoffen beschränkt werden. Wenn eine Vermeidung von Plastikgütern, dort wo es möglich ist, nicht auf Einsicht stößt, kann sie auch durch Verbote erzwungen werden. In allen afrikanischen Staaten existiert bereits ein Verbot für Plastiktüten. Kenia war das letzte afrikanische Land, welches im Jahr 2018 seinen Nachbarn folgte. Bereits seit sechs Jahren gibt es in Ruanda das strengste Gesetz gegen Plastiktüten überhaupt, wo eine eigens eingesetzte Plastikpolizei Passanten mit Plastiktüten bestraft. Auch in Europa kommt etwas in Bewegung in Sachen Plastikverbote. Schweden und kürzlich auch Großbritannien verbietet Mikroplastik in Kosmetika, Zahnpasta, Duschgel und generell in Drogerieprodukten. Frankreich verbannt Plastikgeschirr und Plastikbesteck und auch die USA verbieten mit dem „Microban" Mikroplastik in Kosmetikprodukten seit Juli 2017.

Gesundheits- oder umweltgefährdende Stoffe generell zu verbieten, macht allerdings keinen Sinn. Unser technologischer Fortschritt wäre ohne den Einsatz von Gefahrstoffen gar nicht möglich, aber wir haben gelernt, diese Stoffe und deren Zersetzungsprodukte weitestgehend zu kontrollieren, sodass sie weiterhin der „Treibstoff" unserer Produktionsanlagen sind. Dass die Kontrolle auch

© Springer Fachmedien Wiesbaden GmbH, ein Teil von Springer Nature 2019
A. Fath, *Mikroplastik kompakt,* essentials,
https://doi.org/10.1007/978-3-658-25734-7_4

wieder verloren gehen kann, zeigt der Dieselabgasskandal. Dennoch würde niemand auf die Idee kommen, das Fördern von Erdöl oder die Treibstoffproduktion zu verbieten, zumal Erdöl auch eine wichtige Ressource ist, um lebenswichtige Medikamente zu synthetisieren. Das Verbot, diese Flüssigkeiten in der Umwelt zu entsorgen, leuchtet (fast) jedem ein. Beim Plastik haben wir da noch einen längeren Weg der Aufklärung vor uns, zu dem dieses Buch hoffentlich einen Beitrag leistet. Er hat bereits begonnen und wird in Zukunft noch schneller Fahrt aufnehmen, wenn auf der Waagschale der Bilanz zwischen Nutzen und Schaden von Kunststoffen neue Erkenntnisse über die negativen Auswirkungen von Mikro- und Nanopartikeln den Ausschlag eventuell sogar umkehren könnten. Solange wir global noch keine vollständige Kontrolle über unseren Plastikmüll in allen Stadien von Makro- über Meso- zu Mikro- und Nanoplastik haben, ist die Vermeidungsstrategie, dort wo es möglich und sinnvoll ist, die beste Handlungsanweisung.

4.1   Konsumverhalten

Der Hauptaufgabe, an der sich jeder in der Gesellschaft beteiligen kann ist die Reduktion unseres Plastikkonsums. Den sichtbarsten Effekt werden wir durch den Verzicht auf Einwegkunststoffprodukte (Plastikbesteck, Einwegflachen, Coffee to go Becher, Trinkhalme etc.) und Verpackungsmaterialien (Fastfood, Tüten, Folien etc.) erreichen, denn all das wird nur einige Minuten gebraucht und ist dennoch aus einem Material gefertigt, das mehrere Hundert Jahre überdauert. Spätestens jetzt muss jedem klar sein, dass das zwangsläufig zu einem ökologischen Kollaps führen muss, wenn wir nicht gegensteuern. Da dem nicht so ist, haben einige Staaten wie England, Frankreich, Schweden per Gesetz Plastiktrinkhalme, Plastikteller und Plastikbesteck verboten. In Ruanda gibt es seit einigen Jahren sogar eine Plastikpolizei, die Plastiktütenbesitzer bestraft. Mangelnde Aufklärung, Bequemlichkeit und die vermeintliche Ohnmacht der Kunden führen dazu, dass Einkäufe so wie in Abb. 4.3 dargestellt aussehen. Ein bewusster Einkauf mit dem Vorsatz auf in Plastik verpackte Produkte zu verzichten und Alternativen vorzuziehen, hat einen erheblichen Einfluss auf die Anzahl der gelben Säcke, die wir jeden Monat auf die Straße stellen. Das Ergebnis ist verblüffend, wie schnell, und ohne Lebensqualitätsverlust, wir von 3 auf 2 auf einen Müllsack reduzieren können, wenn wir bewusst einkaufen. Diese Erfahrung habe ich selbst gemacht. Bei vielen Produkten ist es sogar so, dass eine 1 kg Packung teuer ist als 4 Packungen a 250 g und das, obwohl sie mit den 4 Packungen die 2–3 fache Menge an Plastikmüll als Verpackung mit kaufen. Dieses monetäre Belohnungssystem für einen Plastikmüllausstoß muss sofort per Verbraucherschutzgesetz unterbunden werden. Es kann nicht dem Kunden überlassen werden, der kostensparend einkaufen muss.

4.2   Entsorgungsverhalten

Das sich entledigen von Kunststoffabfällen in der Natur ist definitiv die schlech-
teste aller Optionen oder besser gesagt sie ist keine. Der Begriff Entsorgung ist
für dieses sogenannte „Littering" glatter Betrug, denn genau das Gegenteil ist
der Fall. Die Sorgen beginnen damit erst, denn die Geister die wir damit rufen
werden wir nicht mehr los. Nach jedem Starkregen oder der Schneeschmelze
kommt es zu Hochwasser und Überschwemmungen, bei denen Flüsse ihr Flussbett verlassen. Wenn das Hochwasser zurück geht sehen wir, was das Wasser an
Kunststoffmüll aus Wäldern, von Straßen und aus Städten zusammen getragen
hat. Ein Teil davon bleibt am Uferbewuchs hängen und erfüllt uns hoffentlich mit
Scham, ob unserer vorgezeigten Gleichgültigkeit gegenüber der Natur. Der große
Rest wird in die Weltmeere transportiert als Makro oder schon als Mikroplastik
(siehe Folie in Abb. 1.6). Auch Plastikflaschen sind dabei, denn das Flaschenpfand gilt leider noch nicht für alle Kunststoffflaschen und wurde auch leider bei
Weitem noch nicht in allen Ländern eingeführt. Selbst die Niederlande kämpfen
noch darum. Es ist zwar traurig aber das Flaschenpfand hilft einigen Menschen
auf der Straße zu überleben.

Mittlerweile erschließt sich fast jedem gesunden Menschenverstand, dass es
ein Verbrechen an der Umwelt ist, Altöl im Wald oder am Flussufer abzulassen.
Bei der Beseitigung unseres Plastikmülls in der Natur ist unser Gewissen immer
noch nicht schlecht genug, dabei handelt es sich doch um ein ebenso großes Verbrechen an der Umwelt, welches wir in letzter Konsequenz auch selbst mit unserer Gesundheit bezahlen, wenn wir das entstandene Mikroplastik essen. Wenn
sich diese Erkenntnis durch Aufklärung durchsetzt, dass auch die Plastikmüllentsorgung in der Umwelt kein Kavaliersdelikt ist und der Kunststoffmüllletzt-
lich als genauso bedrohlich für unser Ökosystem empfunden wird wie Altöl, dann
wäre schon viel erreicht.

4.3   Umweltbelastungsindex UBI

Um die Frage zu beantworten, ob Plastik gut oder schlecht ist, halte ich es für sinnvoll einen sogenannten Umweltbelastungsindex (UBI) einzuführen, der Kunststoffe
hinsichtlich ihrer Belastung für die Umwelt kategorisiert und damit einen konkre-
ten messbaren Ansatz liefert, sowohl für eine staatliche Lenkung über wirtschaftliche Anreize, als auch als Orientierungshilfe für umweltbewusste Kunden dient.
Ähnlich wie bei Leuchtmitteln oder Elektrogeräten, bei denen sich die Käufer
über die Klassifizierung A bis G über deren Energieverbrauch informieren können,

sollten sie auf einfache Art und Weise auch ohne Chemiekenntnisse über das Umweltbelastungspotenzial eines Plastikprodukts in Kenntnis gesetzt werden um dann auch eine Auswahl treffen zu können.

Eine Einteilung der Kunststoffprodukte in 1 bis 6, die auch die jüngsten Kunden verstehen, da sie analog zur Notenskala der Schule eine Bewertung in sehr gut bis sehr schlecht (mangelhaft) darstellt, bietet sich an und ist unmissverständlich. Die „Note" bzw. der UBI errechnet sich aus dem Quotient der Verrottungszeit und der Gebrauchszeit eines Kunststoffartikels. Der Logarithmus dieses Quotienten ergibt den Umweltbelastungsindex in den Zahlen 1 bis 6 (siehe Gl. 4.1)

$$UBI = lg\left(t_V / t_G\right) \qquad (4.1)$$

Hierzu ein Beispiel. Ein Plastikteller oder Plastikbesteck hat eine Gebrauchszeit von etwa einer Stunde. Damit ist $t_G = 10^{-3}$ a (Jahre). Die Verrottungszeit von Polystyrol, dem Kunststoff aus dem Plastikbesteck hauptsächlich besteht nehmen wir an sind 1000 oder 10^3 Jahre. Der Quotient t_V/t_G erhält damit den Wert $1000a/0,001a = 10^6$. Durch den Logarithmus zur Basis 10 erhalten wir den Exponent. In diesem Fall einen hohen UBI, der der Note 6 entspricht.

Für einen Kunststofffensterrahmen, oder eine Kabelisolierung in elektrischen Hausinstallationen, Steckdosen oder Lichtschalter liegt die Gebrauchszeit t_G bei 10–100 Jahre (10^1–10^2) deutlich höher. Damit verringert sich nach der Gl. 1 auch die Umweltbelastung (UBI = 1–2) durch den in diesen Produkten verwendeten Kunststoff, der durchaus der gleiche sein kann wie im Fastfood Besteck. In der Tab. 4.1 sind einige Kunststoffprodukte aufgeführt und innerhalb dieses vorgestellten Bewertungsschemas unter der Annahme einer 1000 jährigen Verrottungszeit der Kunststoffe eingeordnet (Tab. 4.1).

Statt einer Plastiksteuer auf Kunststoffprodukte mit einem UBI größer als 4 oder 5 zu erheben, würde auch eine staatliche Subventionierung von Kunststoffprodukten mit einem UBI von 1–2 die Umwelt entlasten. Dies bedeudet nicht generell eine Absage an Einwegplastik oder Verpackungen.

Da der Umweltbelastungsindex ein Quotient ist, lässt sich sein Wert auf zwei Arten verkleinern, sprich verbessern. Entweder indem man den Zähler also die Verrottungszeit verkleinert oder den Nenner, die Gebrauchszeit von Plastik, erhöht. Damit würde man zwei wichtige Entwicklungen im Hinblick auf die Lösung unseres Plastikmüllproblems vorantreiben. Es wäre sowohl eine Motivation Plastikprodukte zu recyceln oder mehrmals zu verwenden, um die Gebrauchszeit zu verlängern, als auch eine Motivation für Unternehmen in Forschung und Entwicklung von abbaubaren Kunststoffen (<1 Jahr unter Realbedingungen) zu investieren.

Tab. 4.1 Einteilung von Plastikprodukten nach ihrem Umweltbelastungspotenzial (UBI)

UBI	Gebrauchszeit	t_G in a	Beispiele
6	0 bis 24 h	10^{-3}	Trinkhalme, Besteck, Teller, Fast Food Verpackungen
5	1 Tag bis 1 Woche	10^{-2}	Gemüse und Obstverpackungen, Tetrapack, Joghurtbecher
4	1 Woche bis 1 Monat	10^{-1}	Shampoos, Tiefkühlfolien, Müllbeutel (gelber Sack)
3	1 Monat bis 1 Jahr	10^0	Putzmittel, Waschmittel, Kosmetika, Zahnbürste, Zahnpasta
2	1 Jahr bis 10 Jahre	10^1	Automobilteile, Kleidung, Möbel, Getränkekisten, Spiele
1	10 Jahre bis 100 Jahre	10^2	Fensterrahmen, Dämmungen, Isolierungen, Rohre, Böden

4.4 Kunststoffe aus nachwachsenden Rohstoffen, sind sie die Lösung?

Die weltweite Produktion von den sogenannten „biobased Polymers", also den Kunststoffen oder dem Plastik, dessen Produktion auf Grundstoffen beruht, die von Pflanzen oder Mikroorganismen produziert werden, hat in den letzten Jahren von 5,7 Mio. Tonnen (2014) bis über 10 Mio. Tonnen stark zugenommen und soll nach Vorausberechnungen bis 2020 bis 17 Mio. Tonnen ansteigen. Eine Verdreifachung in nur 6 Jahren. Aufgrund der geringen Ölpreise in 2015 war die Produktionssteigerung nicht ganz so stark wie erwartet. Im Vergleich zur weltweiten Kunststoffproduktion auf petrochemischer Basis von aktuell über 400 Mio. Tonnen ist deren Anteil immer noch gering. Die Produktionssteigerung von Kunststoffen, deren Herstellung auf nachwachsenden Rohstoffen basiert im Vergleich zu den Kunststoffen, deren Herstellung auf fossilen Brennstoffen, hauptsächlich Erdöl beruht, ist natürlich direkt von deren Verfügbarkeit und damit dem Preis abhängig. Der technologische Fortschritt gerade im Bereich der Biotechnologie sorgt für ein immer breiteres Spektrum von nachwachsenden Grundstoffen. Bei der Fermentation werden unterschiedliche Biomassen mithilfe von Bakterien oder anderen Mikroorganismen umgewandelt und als Abbauprodukt entstehen Monomere für die Polymerisation sprich Plastikproduktion. Kontinuierliche Prozessoptimierungen sorgen dafür, dass diese Monomere gegenüber ihrer petrochemischen Variante (Pondongs) qualitativ und preislich immer konkurrenzfähiger werden. Wenn beide Komponenten für eine Veresterung auf

Tab. 4.2 Biologisch abbaubare und nicht abbaubare biobasierte Polymere. (NOVA Institute)

Kunststoff[a]	Bezeichnung	Bioanteil[b] (%)	Abbaubar?
Polyethylen	PE	100	nein
Polyethylenterephthalat	PET	20–100	nein
Polyamid	PA	40–100	nein
Polylacticacid (Polymilchsäure)	PLA	100	ja
Polyhydroxyalkanoat	PHA	100	ja
Celluloseacetat	CA	50	nein
Polyurethan	PUR	10–100	nein
Polybutylensuccinat	PBS	100	ja
Ethylen Propylen Dien Monomer	EPDM	50–70	nein
Polybutylenadipat-co-terephtalat	PBAT	bis 50	ja
Epoxide	–	30	nein
Stärke Blend	–	25–100	ja

[a]alle aufgelisteten Polymere werden bis auf die Stärke Blends auch und hauptsächlich auf Erdölbasis hergestellt.[b]Für die Berechnung wurde der biobasierte Kohlenstoffanteil des Polymers herangezogen

pflanzlicher Basis oder durch Fermentation von Biomasse produziert werden können, wie beispielsweise PBS (Polybuthylensuccinat) aus 1,4- Butandiol und Succinsäure, dann ist der Kunststoff zu 100 % biobasierend (siehe Tab. 4.2).

An dieser Stelle könnte man in die gleiche Diskussion einsteigen, die wir bereits mit dem Biodiesel hatten. Es geht dabei um die Frage, ob es, solange es Hungersnöte und Hunger auf der Erde gibt ethisch vertretbar ist, dass wir aus Nahrungsmittelpflanzen wie z. B. Zuckerrohr Ethylen gewinnen, um damit Plastiktüten oder Verpackungsfolien aus Polyethylen zu produzieren, in denen wir dann Bananen o. ä. einschweißen? Gegen eine Fermentation von Bioabfällen oder Dung ist sicher nichts einzuwenden. Aber die gestellte Frage müssen wir auch hier nicht beantworten, denn sie löst das Plastikmüllproblem nicht. Der Begriff „biobased plastic" sagt nämlich überhaupt nichts aus über die Abbaubarkeit dieser Sorte Kunststoffe.

4.5 Biologisch abbaubare Kunststoffe „biodegradable"

Unter den Kunststoffen unterscheidet man zwischen biologisch abbaubaren und nicht biologisch abbaubaren. Anhand der Tab. 4.2 ist zu erkennen, dass es sowohl biobasierte abbaubare und nicht abbaubare Kunststoffe gibt als auch abbaubare und nicht biologisch abbaubare petrochemische Kunststoffe.

Die chemische und bakteriologische Beständigkeit der Kunststoffe ist unabhängig davon, wie beispielsweise das Monomer Ethylen hergestellt wird. Es wird für die Radikalische Polymerisation, um Polyethylen zu produzieren eingesetzt und es spielt dabei keine Rolle auf welchem Weg es hergestellt wurde.

Mit dem Begriff „biodegradable" oder biologisch abbaubar muss man sehr vorsichtig umgehen, denn er bedeutet nicht, dass man Produkte, die dieses Label tragen, sorglos wegwerfen kann in der Annahme, dass sie sich ähnlich wie die fallenden Herbstblätter auf dem Waldboden durch die Unterstützung von Pilzen und Mikroorganismen zersetzen. Genau das aber suggerieren derart ausgezeichnete Kunststoffe, wodurch die Gefahr besteht das „Littering" zu provozieren. Verschwiegen wird oder unbekannt dabei ist, dass Polymere sich diese Auszeichnung bereits verdienen, wenn sie sich in Industriekompostieranlagen bei 130 °C abbauen lassen. In einem 10 °C kalten Ozean im Dunkeln „lösen sie sich nicht in Luft auf" oder verschwinden auf wundersame Weise. Dies schafft noch nicht einmal der sich am besten biologisch abbaubare Kunststoff.

Im United Nations Environment Programm von 2015 werden biologisch abbaubare Kunststoffe als eine unrealistische Lösung betrachtet, da sie weder die Plastikflut in die Ozeane stoppen, noch die chemische und physikalische Schädigung von marinen Habitaten verhindern.

Das ist der aktuelle Standpunkt. Vorstellbar sind jedoch von Mikroben hergestellte Polymere, die sich sogar im kalten Salzwasser abbauen oder der Zusatz von chemischen Additiven, die einen biologischen Abbau beschleunigen. UV-Destabilisatoren anstelle von Stabilisatoren in Verpackungsfolien wären sinnvolle Additive. Diese Entwicklungen sind im vollen Gange und es bleibt zu hoffen, dass ihre Umsetzung und die Produkteinführung schneller ablaufen, als unsere Plastikmüllproduktion. Dann hätten diese neuen Kunststoffe das Label „biodegradable" wirklich verdient.

4.6   Mikroplastik als Wertstoff

Es klingt paradox aber wenn Plastikmüll gezielt zu Mikroplastik zerkleinert und chemisch behandelt wird, lässt sich das Kunststoffpulver als Filtermaterial für verschmutzte Gewässer einsetzen. In Wasser gelöste Spurenstoffe wie z. B. Hormone bleiben an der Kunststoffoberfläche hängen und dringen teilweise in den Kunststoff ein wodurch die Konzentration der Spurenstoffe im Wasser deutlich abnimmt. Wie können wir aus Plastikmüll einen Wertstoff machen? Die Kunststoffvermüllung unserer Gewässer ist allgegenwärtig und ein nichtgelöstes Problem. Wenn es gelänge, aus Plastikmüll durch einen geringen Arbeitsaufwand mit geringem Energieeintrag ein Produkt herzustellen, bekäme der Plastikmüll eine Wertigkeit und wäre insofern gar nicht mehr als „Müll" zu betrachten (Eine Pfandflasche z. B. ist in den Augen der meisten Menschen unserer Gesellschaft kein Müll, da die Flasche mindestens das aufgedruckte gesetzliche Pfand wert ist). Ziel ist es, durch einen smarten Umwandlungsprozess in wenigen Prozessschritten (siehe Abb. 4.1; gestrichelte Linie) kostengünstig aus Plastikmüll ein industriell anwendbares Produkt herzustellen. Dadurch wird eine Wertschöpfungssteigerung des Plastikmülls erreicht.

Kunststoffrecycling wird aktuell auf zwei unterschiedlichen Wegen praktiziert: 1) Der thermoplastische Kunststoff wird zerkleinert und als Regenerat

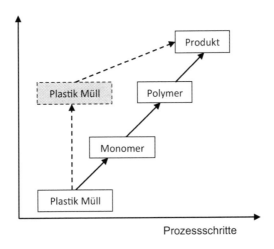

Abb. 4.1 Wertschöpfungskette im Recyclingprozess

für niederwertigere Spritzgussprodukte eingesetzt. 2) Bei sortenreinem Kunststoff werden aus den Polymeren durch einen hohen Energieeintrag (Pyrolyse = Erwärmung auf über 400 °C, je nach Kunststofftyp), zu einem gewissen Anteil die Monomere zurückgewonnen, aus denen der Kunststoff ursprünglich hergestellt wurde. Bevor aus diesen Monomeren wieder Kunststoffprodukte entstehen, muss erneut ein energieintensiver Polymerisationsprozess durchlaufen werden. Beide beschriebenen Wege haben nicht dazu geführt die Recyclingquote zu erhöhen. Dies hat zwei Gründe. Erstens werden durch den geringen Erdölpreis, der sich mittelfristig aufgrund der steigenden E-Mobilität wahrscheinlich nicht weiter erhöhen wird, auch in Zukunft Regenerate bzw. Recyclate teurer sein als neue, auf Mineralölbasis hergestellte, Polymere. Damit fehlt weiterhin der wirtschaftliche Anreiz die Recyclingquote zu erhöhen. Politische Maßnahmen werden nach dem Beschluss des EU Parlaments, eine Recyclingquote für Hausmüll von 55 % bis 2025 und mindestens 65 % bis 2035 zu erreichen, geschaffen, damit dieses Ziel erreicht werden kann. Zweites nimmt die Qualität des Regenrats nach jedem Recyclingszyklus kontinuierlich ab und das bei steigenden Qualitätsanforderungen der Kunden. Qualitative und ökonomische Gründe stehen damit einer Erhöhung der Recyclingquote im Wege.

Die Entwicklung von kostengünstigen Prozessen, die aus einem Abfallkunststoff durch wenige Arbeitsschritte ein qualitativ hochwertiges Produkt macht, umgeht beide „Hürden" und wird damit aus ökonomischer, qualitativer und natürlich auch aus ökologischer Sicht zur Erhöhung der Recyclingquote beitragen. Sortenreine Kunststoffteile können entweder mit einem geeigneten Lösungsmittel gelöst und anschließend als Mikroplastikpulver gefällt und getrocknet werden oder man zerkleinert den mit flüssig Stickstoff herunter gekühlten spröden Kunststoff mittels einer Mühle zu feinem Pulver. Dispergiert man dieses Kunststoffpulver in einer wässrigen Lösung die beispielsweise das Antibabypillenhormon Ethinylestradiol enthält, stellt sich nach einiger Zeit ein Verteilungsgleichgewicht ein. Dieses Verteilungsgleichgewicht ist von den Faktoren Kunststofftyp, Partikelgröße, Oberflächenstruktur der Partikel, Art und Konzentration der gelösten Substanz als auch der Temperatur und der Kontaktzeit abhängig. In der Kombination Polyamidpulver (PA12) und dem genannten Hormon (siehe Abb. 4.2) liegt der Verteilungskoeffizient bei 45.000. Das heißt auf die gleiche Masse bezogen (Kunststoff/Wasser) ist die Konzentration des Hormons am Kunststoff 45.000 Mal höher als im Wasser. Zur Visualisierung der Anlagerung ist das Hormon mit einem Fluoreszenzfarbstoff markiert (hellgelbe Randbereiche). Je nach Kunststoff und gelöstem Schadstoff werden auch noch höhere Verteilungskoeffizienten erreicht.

Abb. 4.2 An
Polyamidmikroplastikpartikel
sorbiertes
fluoreszensmarkiertes
Ethinylestradiol. (Helle
Randbereiche um die dunklen
Partikel)

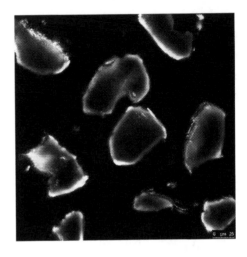

Kunststoffe sind im Vergleich zu Wasser sehr unpolar und nach dem chemischen Grundprinzip: „Gleiches löst sich in Gleichem" ist die Affinität von wenig
polaren Substanzen wie beispielsweise Hormonen, oder Weichmacher oder auch
PAK (polyaromatische Kohlenwasserstoffe) zu Kunststoffen sehr groß und die
in Wasser gelösten Spurenstoffe lagern sich lieber an den Kunststoffen an. Hierbei kann sowohl eine Adsorption (Anlagerung an der Oberfläche) als auch eine
Absorption (Eindringen in die KS Matrix) stattfinden. Je kleiner man die Kunststoffe macht, desto größer wird ihre Oberfläche (im Vergleich zum Volumen) und
damit die Anzahl der Anbindungsstellen. Dies steigert die Effektivität des Filtermaterials auf Mikroplastikbasis. Durch chemische Beizprozesse lässt sich die
Oberfläche noch weiter vergrößern.

Nach der Beladung des Filtermaterials kann der Kunststoffmüll, dessen
Bestimmung ohnehin die thermische Verwertung gewesen wäre immer noch
(zusammen mit den angelagerten Schadstoffen) verbrannt werden. Wichtig ist,
dass Kunststoffe ob Makro oder Mikro nicht in der Umwelt landen.

Aktuelle Forschungen beschäftigen sich damit das Mikroplastikfiltermaterial,
nach einer Regeneration wiederholt einsatzfähig zu machen nach dem Prinzip
von der Wiege zur Wiege und nicht zur Bahre.

Gegen das bereits in unseren Gewässern verteilte Mikroplastik können wir leider nichts mehr ausrichten. Es wird nach und nach auf den Grund der Ozeane
absinken und sich im Sediment einbetten. Auf die Dicke dieser Schicht, die in
einigen Jahrhunderten ein Zeitzeugnis der Plastikgeneration sein wird, können wir allerdings schon Einfluss nehmen, indem wir erstens kein primäres

Mikroplastik in Kosmetik- und Hygieneprodukten mehr einsetzen und zweitens unser Plastikabfallmanagement sowie unseren Plastikkonsum überdenken, indem wir streng nach den drei „r" handeln: *reduce, reuse, recycle.* Der fotografierte Einkaufswagen in Abb. 4.3 mit 51 Plastiktüten liefert hierzu genug Potenzial.

Die Folgen einer Veränderung der Zusammensetzung des Plastikmülleintrags in die Gewässer sind schon in kurzer Zeit auch fern der Eintragsstelle sichtbar. Eissturmvögel sind für diese Veränderungen effektive biologische Indikatoren. Eine Reduktion von Kunststoffgranulat im Plastikmüll seit den 1980er-Jahren führte zu einer 75 %igen Verringerung in den Eissturmvögeln als auch zu einer 75 %igen Verringerung im subtropischen Nordatlantik-Plastikmüllwirbel, während sich bei den Gebrauchsplastikprodukten kein Trend abzeichnete (van Franeker und Law 2015). Im Umkehrschluss zeigt das Beispiel, dass tatsächlich eine weltweit verbesserte Plastikmüllentsorgung in einem überschaubaren Zeitraum zu sicht- und spürbaren Veränderungen in der Umwelt führen kann, noch bevor unsere Erdölressourcen erschöpft sein werden. Was aber tun gegen die gigantischen Mengen von Makroplastikmüll in den großen Ozeanwirbeln? Boyan Slat, ein junger ambitionierter Holländer, ist dabei, die Oceane mit kilometerlangen u-förmigen verankerten Schwimmbarrieren aufzuräumen. Sie sind nicht fest verankert, sondern treiben etwas langsamer als die Meeresströmungen mit diesen mit. Dabei sammelt sich der oberflächennahe treibende Plastikmüll in den unter den Barrieren

Abb. 4.3 Einkauf mit 51 Plastiktüten

angebrachten Netzen (The Ocean Cleanup 2018). Auch wenn Biologen diesem Vorhaben skeptisch gegenüberstehen, da sie befürchten, dass Fischpopulationen und Plankton zu Schaden kommen, und auch wenn Ingenieure die Widerstandsfähigkeit der Barrieren gegen die raue See infrage stellen, ist dies bislang der einzige Ansatz aufzuräumen, bevor der Kunststoffmüll nicht mehr greifbar ist. Diesen Ansatz muss man unterstützen. Die Barrieren sind keine Schleppnetze und damit keine Gefahr für gesunde Lebewesen, und die Frage nach der Funktionalität unter wechselnden Wetterbedingungen wird sich in der Praxis beantworten.

Eine ganz andere Frage stellt sich in Bezug auf die Sorptionseigenschaften von Mikroplastik. Besagte Eigenschaften werden bereits in Form von Passivsamplern in der Analytik genutzt (Müller 2017), in denen spezielle Polymere in der Lage sind, Schadstoffe in nachweisbarer Konzentration zu binden und an ein entsprechendes Lösungsmittel wieder abzugeben. Könnte man nicht diese Sorptionseigenschaften nutzen, um Gewässer zu reinigen, quasi als Filtermaterial? Dass die Sorption von Schadstoffen an Polymeren potenziell möglich ist, wurde bereits gezeigt (Muhandiki et al. 2008; Matsuzawa et al. 2010). Wenn sich dafür auch klein gemahlener Plastikmüll, nach einer entsprechenden Vorbehandlung zur Reinigung und Aufrauhung der Oberfläche, verwenden ließe, bevor man ihn ohnehin verbrennt, würde wieder ein Wertstoff daraus werden, im Sinne eines Upcylings. Der Plastikmüll wäre kein Müll mehr und würde auch nicht mehr so gedankenlos in der Umwelt allerorts abgelegt (deponiert) werden. An Mikroplastikpulver, welches mit einer Kryogenmühle aus Kunststoffabfällen erzeugt wurde, als auch an kommerziell erhältlichen Kunststoffpulver (Sintermaterial für 3-D-Drucker), wurde die Sorption von Hormonen, abhängig vom Kunststofftyp und der Oberfläche, untersucht und quantifiziert (Hummel 2017). Dabei wird durch den Einsatz von unterschiedlichen Techniken festgestellt, ob das bestimmte Hormon an Kunststoffpartikel adsorbiert oder absorbiert wird (Hummel 2017). Dies ist eine entscheidende Fragestellung für die weitere Entwicklung von Mikroplastik als effektiver Wasserfilter, um Hormone quantitativ aus Abwässern zu entfernen und sie eventuell sogar durch Desorption mit einem geeigneten Lösungsmittel zurückzugewinnen und das Filtermaterial zu regenerieren.

Für die Sorptionsversuche wurden die Hormone 17α-Ethinylestradiol (EE2), Norethisteron (Nor) und Östron (E1) verwendet. Sie zählen ebenso wie DEHP, Atrazin, Imidacloprid und Thiacloprid, um nur einige weitere Vertreter dieser Substanzklasse zu nennen, zu den endokrinen Disruptoren, die in unseren Abwässern vorkommen. In Kläranlagen werden diese Spurenstoffe nicht vollständig abgebaut und finden sich deshalb auch in Flüssen wieder. Selbst in sehr niedrigen Konzentrationen sind Hormone in der Lage, Stoffwechsel und Fortpflanzung von Wasserorganismen zu beeinflussen (Manickum und John 2014).

Fast perfektes Material

Angesichts dieser erschreckenden Botschaften über Plastik drängt sich schon die Frage auf, ob wir uns mit der Erfindung von Kunststoffen tatsächlich einen Gefallen getan haben oder ob Plastik nicht doch etwas Schlechtes ist. Keine andere technologische Entwicklung hat unser Leben derart verändert, eigentlich meist im positiven Sinn. Ist es also eher Fluch oder Segen, dass wir es haben? Wenn wir richtig damit umgehen ist Kunststoff ein Segen, denn kein Material ist so vielseitig einsetzbar wie Kunststoff (siehe Tab. 4.3 und Abb. 4.4).

Die Liste der positiven Seiten von Plastik ließe sich noch beliebig fortsetzen, dennoch drohen wir in Plastik zu ersticken. In all den Jahren seit der Massenproduktion von Kunstoffen haben wir es bei aller Euphorie über das

Tab. 4.3 Vielseitige Verwendung unterschiedlicher Kunststofftypen

Bezeichnung	Kurz	Verwendung
Polypropylen	PP	Becher, Rohre, Behälter, Maschinen und Fahrzeugbau, Fahrradhelme
Polyethylen	PE	Plastiktüten, Verpackungen, Tuben, Kosmetikbehältnisse
Polystyrol	PS	Dämmung, Isolierung, Verpackung (Styropor)
Polyamid	PA	Kunstfasern (Nylon, Perlon), Textilien (Flies), Zahnbürsten
Polycarbonat	PC	CDs, DVD, Scheibenglasersatz, Brillengläser, Solarpanele
Polyvinylchlorid	PVC	Verpackungsfolien, Lebensmittelverpackungen, Schläuche, Bodenbelag, Kabelisolierungen
Styrolacrylnitril	SAN	Schüsseln, Gehäuse, Küchengeräte, Reflektoren, Lichtleiter (Duschabtrennungen)
Polyersterepoxy	PEST	Lacke, Harze, Beschichtungen
Polyurethan	PU	Haushaltsschwämme, Lacke, Dicht- und Klebstoffe, Matratzen
Acrylnitrilbutadienstyrol	ABS	Metallisierte Kunststoffe, Lego-Bausteine, Automobilteile, Snowboards, 3-D-Drucker, Gehäuse
Polylacticacid	PLA	Auf Milchsäure basierender Biokunststoff; Trinkhalme, Verpackungen, Büroartikel
Polyoxymethylen	POM	Zahnräder, Skibindung, Schlauchkupplungen, Feuerzeugtank, Spielzeug, Aufsteckzahnbürsten
Polyethylenterephthalat	PET	Verpackungen, Plastikflaschen, Folien, Textilfasern

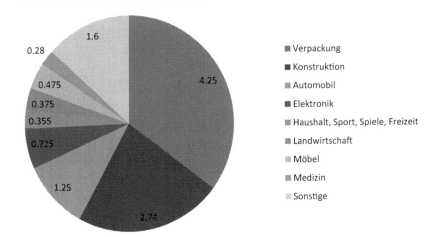

Abb. 4.4 Verteilung der Plastik-Jahresproduktion von 10.15 Tonnen (2015) in Deutschland auf unterschiedliche Branchen. (Quelle: Consultic|Produktion, Verarbeitung und Verwertung von Kunststoffen in Deutschland 2015)

„Wundermaterial" versäumt, uns um den Abfall zu kümmern. Im Abfall wird uns die Beständigkeit des Kunststoffs zur Last. Diese Kehrseite der Medaille drängt sich immer mehr in den Vordergrund. Wir haben sie selbst umgedreht und die Frage ist, schaffen wir es sie wieder zurückzudrehen. In Anbetracht der weiter ungebremst steigenden weltweiten Kunststoffproduktion von 8,3 (2015) bis 34 Mrd. Tonnen (2050), (Fraunhofer Umsicht 2018) müssen wir das, wenn wir das „Paradies" nicht ein zweites Mal verlieren (aufgeben) wollen. Dabei sieht die Lösung für das Problem auf dem Papier sehr einfach und nachvollziehbar aus.

Plastik ist nur solange gut, solange es seinen Nutzungskreislauf nicht verlässt
Nach Möglichkeit sollten Kunststoffe so lange wie möglich über mehrere Jahre Produkte bleiben und niemals zu wertlosem Abfall werden. Bei technischen Kunststoffprodukten, wie Steckdosen, Dämmungen, Kabelisolierungen, Hausinstallationen etc. kommt man diesem Ansatz nahe, denn 1. Sind dort auch die hochwertigeren Kunststoffe bei denen ein Recycling ökonomisch betrachtet sinnvoller ist als bei Einwegprodukten oder Verpackungen und 2. verbleiben sie Jahre oder gar Jahrzehnte im Einsatz.

Bei Einwegprodukten wie Kunststoffteller und -Besteck, Plastikbecher und Verpackungen endet der Nutzungskreislauf bereits nach einem Zyklus und die Nutzungsdauer ist im Vergleich zu den Technischen Produkten sehr kurz.

Erschwerend kommt hinzu, dass gerade die Verpackungen den größten Anteil der Kunststoffproduktion ausmachen. Dies zeigt das Kuchendiagramm in Abb. 4.4. Von den 10,15 Mio. Tonnen Kunststoffen, die 2015 in Deutschland produziert wurden, entfallen 40 % auf Verpackungen.

In anderen Industrienationen in denen Kunststoffe produziert werden sieht das Verhältnis nicht anders aus. Da diese Kunststoffe im Vergleich zu den technischen Kunststoffen, die in der Bau-, Medizin- oder Automobilbranche eingestzt werden, eine sehr kurze Lebensdauer haben, machen sie von den 9 Mio. Tonnen Kunststoffen, die in den Ozeanen landen den Löwenanteil aus. Also gilt es dort anzusetzen, um den größten Effekt zu erreichen.

Was ist zu tun?

Es gibt mehrere Möglichkeiten die Plastikmüllflut zu reduzieren oder gar gänzlich zu stoppen. Das langfristige Ziel ist, alle Kunststoffartikel immer wieder zu verwerten und im Kreislauf zu fahren, sei es als Produkt in einem upcycling oder downcycling Process oder als Basismaterial zur Monomerherstellung, um erneut Kunststoffe daraus zu machen oder letztendlich doch nach mehreren Zyklen das ausgediente Material thermisch zu verwerten.

Damit wären zwei der drei R's des Jack Jonson Songs „The three R's", das reuse und das recycle erfüllt. Fehlt noch das reduce, denn wir produzieren schneller Kunststoffabfälle als wir sie im Moment recyceln oder wieder verwerten könnten. Dazu fehlen uns die Technologie, die Logistik und die wirtschaftlichen Anreize. Aus 8,3 Mrd. Tonnen werden in 32 Jahren 34 Mrd. Tonnen Plastikprodukte. 79 % davon verteilen sich auf dem Planeten und davon hauptsächlich Verpackungsmaterial. Wenn wir dagegen nichts unternehmen können wir unsere Erde darin komplett einpacken.

- Lieber Glas statt Plastik, vor allem bei Nahrungsmitteln (Milchflasche, Joghurt, Ketchup, Dressing etc.), für Glas gibt es ein dichtes Netz von Sammelcontainern.
- Wenn schon Plastikflaschen, dann nur welche mit Pfand!
- Bei Kosmetikprodukten nur Marken kaufen, die selbst Nachfüllmöglichkeiten im Laden anbieten. Nicht nur Seifen sondern auch Shampoos in fester Form (vgl. Eishockeypuk gibt es mittlerweile ohne Plastikbehältnis)
- Bei Kosmetikprodukten darauf achten, dass sie kein Mikroplastik enthalten. Anzeichen dafür sind die Inhaltsstoffe die mit „Poly" beginnen
- Beim Obst und Gemüseeinkauf auch im Supermarkt auf die kleinen Plastiktütchen, die die man in der Frischwarenabteilung abreißen kann und die man nur mit viel Fingerspitzengefühl öffnen kann, so gut es geht, verzichten. Fleischtomaten, Salatgurke, Blumenkohl, Kopfsalat, Bananen etc. kann man auch so aufs Band legen. Man wäscht Obst und Gemüse sowieso ab und Weichmacher möchte man auch nicht mitessen
- Feste Seife statt Seifenspender
- Prinzipiell vorausschauend bzw. geplantes Einkaufen. Das heißt eigene Behältnisse mitbringen in den Supermarkt und in alle anderen Geschäfte, die Ihre Waren für Sie in Plastik verpacken (z. B. Schnitzel, Steaks, Salate, Wurst vom Metzger).
- Pfannenwender aus Holz statt Kunststoff
- Kunststoffabfälle, wenn sie nicht wiederverwendbar sind (Plastiktüten kann man wieder verwenden, auch als Müllbeutel), im gelben Sack entsorgen. Wichtig! Kunststoffe können nur recycelt werden, wenn sie sortenrein sind. Das heißt, Kunststoffverbunde trennen (Beispiel: Plastikjoghurtbecher mit Etikett und Deckel)

- An der Wursttheke darauf hinweisen, dass man den rohen Schinken ohne Plastikzwischenfolie haben möchte (ist auch billiger und ohnehin ein Gefummel)
- Größere Mengen in einem großen Gebinde kaufen anstatt viele kleine, reduziert den Plastikverpackungsmüll. Das kostet leider oftmals mehr. Hier muss der Gesetzgeber handeln. Es kann doch nicht sein, dass wenn man z. B. 1 kg Maultaschen zubereiten möchte, drei oder vier kleine Verpackungseinheiten wählt, nur weil der Kilopreis billiger ist als die Einkilopackung. Der sparende Kunde wird quasi gezwungen, viel Verpackungsmüll zu produzieren. Anreize in die andere Richtung müssen auf diesem Weg geschaffen werden.
- Niemals Plastikreste oder abgelaufenes Obst verpackt in die Biotonne werden. Der Biomüll wird zum Teil geschreddert und landet als Dünger eventuell dann mit Mikroplastik auf unseren Äckern.
- Immer einen Einkaufskorb aus Naturmaterialien (Hanf, Jute, Bast, Weide etc.) im Kofferraum haben für den Einkauf (auch spontan). Keine Plastiktüten.
- Nach einer Party am See oder Fluss nicht den Müll liegen lassen. Beim nächsten Regen landet der Müll im Wasser und irgendwann in unseren Ozeanen (Das Problem ist bekannt.)
- Eigene Tasse aus Keramik in der Kantine bzw. an den Automaten am Arbeitsplatz verwenden. Keine Deckel auf den Pappbechern von Coffee to go. Die sind aus Polystyrol.
- Den Kindern keine Trinkhalme anbieten. Oder nur jene, die man nach der Spülmaschine wiederverwenden kann (In den USA werden täglich 500 Mio. Trinkhalme verbraucht). Also, den Cocktail am Abend ohne Trinkhalm oder mit einem aus abbaubaren nachwachsenden Rohstoffen (echte Strohhalme).
- Vermehrt Textilien aus Naturmaterialien tragen. Eine Fleecejacke produziert beim Waschgang 1,7 g Kunststofffasern, die als Mikroplastik ins Wasser und in die Fische gelangen. Oder einen verschließbaren Wäschesack verwenden, aus dem man nach dem Waschvorgang die Wäsche und Fasern herausholen kann.
- Die gelben Säcke erst an dem Tag vor die Haustür stellen, an dem sie auch abgeholt werden. Nagetiere, Wind und Regen haben sonst Zeit, den Inhalt in der Umwelt zu verteilen.
- Nicht länger als unbedingt nötig mit Winterreifen fahren.

Die aufgelisteten Tipps wurden in die Grafik der Stuttgarter Zeitung (Abb. 5.1) eingearbeitet.

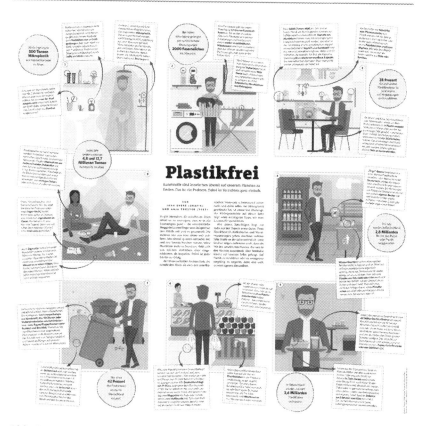

Abb. 5.1 „Plastikfrei" – Grafik aus der Stuttgarter Zeitung. (Jana Evers, Wochenende – das Magazin von Sonntag aktuell)

Fazit und Ausblick 6

Wenn wir richtig damit umgehen ist Kunststoff ein Segen. Das Material ist so vielseitig, dass es keine Branche gibt, die darauf verzichten könnte (siehe Tab. 4.3 und Abb. 4.4). Mit Glasfasern oder Kohlenstoffnanotubes erreicht Plastik Festigkeitswerte von metallischen Werkstoffen und mit Plastifizierungshilfsmitteln werden sie so weich und biegsam wie Papier. Ob stabile Kunststoffrohrleitungen oder flexible Schläuche Kunststoffe retten, verlängern und vereinfachen unser Leben und schonen dabei Ressourcen und dennoch drohen wir darin zu ersticken. Elektroinstallationen, ob in Gebäuden oder menschlichen Körpern, sind ohne Kunststoffe undenkbar. Herzschrittmacher, Dialysegeräte, Defibrillatoren, Inkubatoren, Inhalatoren, Katheder, Blutbeutel, Spritzen usw. gäbe es ohne Kunststoffe nicht. Sie haben die Medizintechnik revolutioniert und unsere medizinische Versorgung stark verbessert und damit unsere Lebenserwartung und Lebensqualität ebenso. Einer der ersten Kunststoffe, das Zelluloid, das in der Filmindustrie schon „Karriere" machte hat den Elefanten und anderen Elfenbeinträgern das Leben gerettet und sie vor dem Aussterben bewahrt, da Billardkugeln, Klaviertasten u. a. Produkte durch diesen Kunststoff ersetzt werden konnten. Heute retten Helme, Airbags und Sicherheitsgurte aus Kunststoff unsere Leben im Straßenverkehr. Durch den Einsatz von leichten Kunststoffmaterialien sind Fahr- und Flugzeuge deutlich leichter geworden. Der damit einhergehende geringere Treibstoffverbrauch reduziert den Schadstoffausstoß auf der Straße in der Luft und auf dem Wasser. Kunststoffe haben uns die Raumfahrt ermöglicht und wir können mit Plastikflaschen Wasser in Regionen transportieren und verteilen, in denen für Menschen kein Zugang zu sauberem Trinkwasser besteht. Natürlich haben auch manche Lebensmittelverpackungen positive Auswirkungen, da sie Lebensmittel länger frisch und ansehnlich halten, sodass sie auch noch nach einigen Tagen gekauft und gegessen werden. Auch das schont Lebensmittelressourcen und Wasser. Kein unwichtiger Aspekt um 8 Mrd. Menschen zu ernähren. Wir schätzen die

© Springer Fachmedien Wiesbaden GmbH, ein Teil von Springer Nature 2019   55
A. Fath, *Mikroplastik kompakt*, essentials,
https://doi.org/10.1007/978-3-658-25734-7_6

chemische Beständigkeit des Kunststoffs gegenüber Umwelteinflüssen, Säuren, Handschweiß und Wasser. Wasser kann aus Metallleitungen toxische Metallionen freisetzen. Metalle benötigen einen zusätzlichen Korrosionsschutz aus teilweise gesundheitsgefährdeten Stoffen und müssen regelmäßig unter Verwendung von Schutzmasken wegen freiwerdender Lösungsmitteldämpfe lackiert werden, denken wir an Autos, Schiffsrümpfe oder den Eiffelturm.

Plastik rettet Leben jeden Tag, es schont Energieressourcen, da es weniger energieintensiv in der Herstellung ist als seine metallischen oder keramischen Vertreter. Folien schonen Wälder und Regenwälder da sie Papier als Verpackung ersetzen. Plastik ist in vielen technischen Anwendungen anderen Materialien überlegen.

Plastik ist verbunden mit Luxus, Freizeitgestaltung, Urlaub, Spiel und Spaß und steigert die Lebensqualität. Nach den Prognosen vieler Wissenschaftler laufen wir aber Gefahr diese Lebensqualität gerade durch Kunststoffe wieder zu verlieren, wenn wir 2050 zusammen mit unseren Plastikabfällen baden (tauchen) gehen. Die Gegenüberstellung der beiden Fotos in Abb. 6.1 zeigt diese kontroverse Situation. In beiden Fällen hat Plastik eine direkte Verbindung zu Wasser aber mit gegensätzlichen Folgen. Einerseits ein Fluch andererseits ein Segen. Es liegt an uns, welche Seite langfristig dominiert.

Abb. 6.1 Plastik fürs Wasser: gesund (lebenserhaltend) links und ungesund (lebenszerstörend) rechts

Erratum zu: Auswirkungen von Mikroplastik

Erratum zu:
Kapitel 3 In: A. Fath, *Mikroplastik kompakt,* essentials,
https://doi.org/10.1007/978-3-658-25734-7_3

Die originale Version dieses Buches wurde ohne Quellenangabe zur Abb. 3.2 publiziert. Die Quelle „Fraunhofer Umsicht" ist nun ergänzt.

Die korrigierte Version des Kapitels ist verfügbar unter
https://doi.org/10.1007/978-3-658-25734-7_3

Was Sie aus diesem *essential* mitnehmen können

- Die Erkenntnis, dass ich als Leser einen Beitrag dazu leisten kann, die Mikroplastikmenge in der Umwelt zu reduzieren
- Informationen zur kritischen Bewertung von Recyclingkonzepten und Alternativen hinsichtlich einer Mikroplastikfreisetzung
- Die Fähigkeit, Mikroplastik-Analyseergebnisse zu verstehen und richtig zu interpretieren
- Das länderspezifische Kunststoffabfallmanagement ist die Stellschraube für die Problemlösung Plastikmüll und damit Mikroplastik in Gewässern und schließlich in Lebensmitteln zu reduzieren.
- Plastik ist Fluch und Segen zugleich

© Springer Fachmedien Wiesbaden GmbH, ein Teil von Springer Nature 2019
A. Fath, *Mikroplastik kompakt,* essentials,
https://doi.org/10.1007/978-3-658-25734-7

Literatur

Andrady, A. L. (2011). Microplastics in the marine environment. *Marine Pollution Bulletin, 62,* 1596–1605. https://doi.org/10.1016/j.marpolbul.2011.05.030.

ARD. (2015). Kontraste: Öko-Irrweg Biotonne: Plastikverseuchter Kompost macht Äcker zu Müllhalden. https://www.rbb-online.de/kontraste/ueber_den_tag_hinaus/wirtschaft/oekoirrweg-biotonne.html.

Bakir, A., Rowland, S. J., & Thompson, R. C. (2014). Enhanced desorption of persistent organic pollutants from microplastic under simulated physiological conditions. *Environmental Pollution, 185,* 16.

Bakir, A., Rowland, S. J., & Thompson, R. C. (2014). Enhanced desorption of persistent organic pollutants from microplastics under simulated physiological conditions. *Environmental pollution (Barking, Essex: 1987), 185,* 16–23.

Barnes, D. K. A., Galgani, F., Thompson, R. C., & Barlaz, M. (2009). Accumulation and fragmentation of plastic debris in global environments. *Philosophical transactions of the Royal Society of London. Series B, 364,* 1985–1998. https://doi.org/10.1098/rstb.2008.0205.

Birnbaum, L. S., & Staskal, D. F. (2004). Brominated flame retardants: Cause for concern? *Environmental Health Perspectives, 112,* 9–17. https://doi.org/10.1289/ehp.6559.

BMG (Bundesministerium für Gesundheit). (Hrsg.). (2005). Stoffmonographie Di(2-ethylhexyl)phthalate (DEHP)-Referenzwerte für 5oxo-MEHP und 5OH-MEHP im Urin. *Bundesgesundheitsblatt – Gesundheitsforschung – Gesundheitsschutz, 48*(6), 706–722.

Browne, M. A., Galloway, T., & Thompson, R. (2010). Spatial patterns of plastic Debris along Estuarine Shorelines. *Environmental Science & Technology, 44*(9), 3404–3409. https://doi.org/10.1021/es903784e.

BUND (Bund für Umwelt und Naturschutz Deutschland). (2018). Mikroplastik und andere Kunststoffe in Kosmetika. Der BUND-Einkaufsratgeber. https://www.bund.net/fileadmin/user_upload_bund/publikationen/meere/meere_mikroplastik_einkaufsfuehrer.pdf.

Catarino, A. I., Macchia, V., Sanderson, W. G., Thompson, R. C., & Henry, T. B. (2018). Low levels of microplastics (MP) in wild mussels indicate that MP ingestion by humans is minimal compared to exposure via household fibres fallout during a meal. *Environmental Pollution, 237,* 675–684.

© Springer Fachmedien Wiesbaden GmbH, ein Teil von Springer Nature 2019
A. Fath, *Mikroplastik kompakt, essentials,*
https://doi.org/10.1007/978-3-658-25734-7

Cheng, Z., Nie, X. P., Wang, H. S., & Wong, M. H. (2013). Risk assessments of human exposure to bioaccessible phthalate esters through market fish consumption. *Environment International, 57–58*, 75–80. https://doi.org/10.1016/j.envint.2013.04.005.

Choi, K., et al. (2012). In Vitro metabolism of di(2-ethylhexyl)phthalate (DEHP) by various tissues and Cytochrome P 450s of human and rat. *Toxicology in Vitro: An International Journal Published in Association with BIBRA, 26*(8), 315–322.

Claessens, M., de Meester, S., van Landuyt, L., de Clerck, K., & Janssen, C. R. (2011). Occurrence and distribution of microplastics in marine sediments along the Belgian coast. *Marine Pollution Bulletin, 10*, 2199–2204. https://doi.org/10.1016/j.marpolbul.2011.06.030.

Codina-García, M., Militão, T., Moreno, J., & González-Solís, J. (2013). Plastic debris in Mediterranean seabirds. *Marine Pollution Bulletin, 1–2*, 220–226. https://doi.org/10.1016/j.marpolbul.2013.10.002.

Cole, M., Lindeque, P., Halsband, C., & Galloway, T. S. (2011). Microplastics as contaminants in the marine environment: A review. *Marine Pollution Bulletin, 62*(12), 2588–2597. https://doi.org/10.1016/j.marpolbul.2011.09.025.

Cole, M., Lindeque, P., Fileman, E., Halsband, C., Goodhead, R., Moger, J., et al. (2013). Microplastic ingestion by zooplankton. *Environmental Science & Technology, 12*, 6646–6655. https://doi.org/10.1021/es400663f.

Collard, F., Gilbert, B., Compère, P., Eppe, G., Das, K., Jauniaux, T., et al. (2017). Microplastics in livers of European anchovies (*Engraulis encrasicolus*, L.). *Environmental Pollution, 229*, 1000–1005.

Dekant, W., & Vamvakas, S. (1994). *Toxikologie für Chemiker und Biologen.* Heidelberg: Spektrum Akademischer Verlag.

EFSA (European Food Safety Authority). (2016). Presence of microplastics and nanoplastics in food, with particular focus on seafood. EFSA Panel on Contaminants in the Food Chain (CONTAM). *EFSA Journal, 14*(6), 4501.

Fath, A. (2016). *Rheines Wasser.* München: Hanser.

Fraunhofer UMSICHT. (2014). Biowachspartikel Heals Alternative zu Mikroplastik. http://www.umsicht.fraunhofer.de/de/presse-medien/2014/140612-mikroplastik.html. Zugegriffen: 11. Sept. 2014.

Gächter, R., & Müller, H. (1993). *Plastics additives handbook.* München: Hanser.

González-Castro, M. I., Olea-Serrano, M. F., Rivas-Velasco, A. M., Medina-Rivero, E., Ordon͠ez-Acevedo, L. G., & De León-Rodríguez, A. (2011). Phthalates and Bisphenols migration in Mexican food cans and plastic food containers. *Bulletin of Environmental Contamination and Toxicology, 86*, 627–631. https://doi.org/10.1007/s00128-011-0266-3.

HELCOM BASE Project. (2014). Preliminary study on synthetic microfibers and particles at a municipal waste water treatment plant. http://helcom.fi/Lists/Publications/Microplastics%20at%20a%20municipal%20waste%20water%20treatment%20plant.pdf. Zugegriffen: 11. Sept. 2014.

Hüffer, T., & Hofmann, T. (2016). Sorption of non-polar organic compounds by micro-sized plastic particles in aqueous solution. *Environmental Pollution, 214*, 194–201.

Hummel, D. (2017). Untersuchung der Sorption wässrig gelöster organischer Substanzen an Polymerpartikel, Masterthesis, Hochschule Furtwangen, Studiengang NBT.

IPASUM (Institut und Poliklinik für Arbeits-, Sozial- und Umweltmedizin der Universität Erlangen-Nürnberg). (o. J.). Phthalate – Weichmacher – DEHP. https://www.arbeitsmedizin.uni-erlangen.de/forschung/studien/phthalate.shtml.

Lagerberg, J. W., et al. (2015). In vitro evaluation of the quality of blood products collected and stored in systems completly free of di(2-ethylhexyl)-phthalates plasticized materials. *Transfusion, 55*(3), 322–531.

Lart, W. (2018). Sources, fate, effects and consequences for the seafood industry of micro and nanoplastics in the marine environment. Seafish Information Sheet No FS 92.04.19. Grimsby, Seafish.

Liebezeit, G., & Dubaish, F. (2012). Mikroplastik – Quellen, Umweltaspekte und Daten zum Vorkommen im Niedersächsischen Wattenmeer. *Zeitschrift der Naturschutz- und Forschungsgemeinschaft Mellumrat, 11*(1), 21–31.

Liebezeit, G., & Liebezeit, E. (2014). Synthetic particles as contaminants in German beers. *Food Additives & Contaminants. Part A, Chemistry, Analysis, Control, Exposure & Risk Assessment, 9,*1574–1578. https://doi.org/10.1080/19440049.2014.945099.

Lopez, L. R., & Mouat, J. (2009). *Marine litter in the Northeast Atlantic region.* London: OSPAR Commission.

Lusher, A. L., McHugh, M., & Thompson, R. C. (2013). Occurrence of microplastics in the gastrointestinal tract of pelagic and demersal fish friom the English Channel. *Marine Pollution Bulletin, 67*(1–2), 94–99. https://doi.org/10.1016/j.marpolbul.2012.11.028.

Lusher, A., Hollman, P., & Medonza-Hill, J. (2017). Microplastics in fisheries and aquaculture. Status of knowledge on their occurrence and implications for aquatic organisms and food safety. FAO Fisheries and Aquaculture Technical Paper No 615. Rome, FAO.

Maier, R.-D., & Schiller, M. (2016). *Handbuch Kunststoff-Additive* (4. Aufl.). München: Hanser.

Manickum, T., & John, W. (2014). Occurrence, fate and environmental risk assessment of endocrine disrupting compounds at the wastewater treatment works in Pietermaritzburg (South Africa). *The Science of the Total Environment, 468–469,* 584–597.

Mato, Y., Isobe, Tomohiko, Takada, Hideshige, Kanehiro, Haruyuki, Ohtake, Chiyoko, & Kaminuma, Tsuguchika. (2001). Plastic resin pellets as a transport medium for toxic chemicals in the marine environment. *Environmental Science & Technology, 2,*318–324. https://doi.org/10.1021/es0010498.

Matsuzawa, Y., Kimura, Z.-I., Nishimura, Y., Shibayama, M., & Hiraishi, A. (2010). Removal of Hydrophobic Organic Contaminants from Aqueous Solutions by Sorption onto Biodegradable Polyesters. *JWARP, 02*(03), 214–221.

Meeker, J. D., Sathyanarayana, S., & Swan, S. H. (2009). Phthalates and other additives in plastics: Human exposure and associated health outcomes. *Philosophical transactions of the Royal Society of London. Series B, Biological sciences, 1526,* 2097–2113. https://doi.org/10.1098/rstb.2008.0268.

Metrio, G. de, Corriero, A., Desantis, S., Zubani, D., Cirillo, F., Deflorio, M., Bridges, C. R., Eicker, J., de la Serna, J.M., Megalofonou, P., & Kime, D. E.(2003). Evidence of a high percentage of intersex in the Mediterranean swordfish (Xiphias gladius L.). *Marine Pollution Bulletin, 3,* 358–361. https://doi.org/10.1016/s0025-326x(02)00233-3.

Moore, C. J. (2008). Synthetic polymers in the marine environment: A rapidly increasing, long-term threat. *Environmental Research, 2,* 131–139. https://doi.org/10.1016/j.envres.2008.07.025.

Moore, C. J., Moore, S. L., Leecaster, M. K., & Weisberg, S. B. (2001). A comparison of plastic and plankton in the North Pacific central gyre. *Marine Pollution Bulletin, 42,* 1297–1300.

Müller, J. (2017). Qualitativer Nachweis von Schadstoffen in Gewässern und deren Abbau-potenzial: Charakterisierung von Schadstoffen im Rhein, die mithilfe eines Passivsamplers während des Projektes „Rheines Wasser" nachgewiesen wurden, Masterthesis, HFU.

Muhandiki, V. S., Shimizu, Y., Adou, Y. A. F., & Matsui, S. (2008). Removal of hydro-pho-bic micro-organic pollutants from municipal wastewater treatment plant effluents by sorption onto synthetic polymeric adsorbents: Upflow column experiments. *Environ-mental Technology, 29*(3), 351–361.

NDR. (2010). 45 Min – Gefahr Weichmacher: Warum sind immer mehr Männer nur noch eingeschränkt fruchtbar? https://www.ndr.de/der_ndr/presse/mitteilungen/pressemel-dungndr5930.html.

NOVA Institute. (2015). Bio-based Building Blocks and Polymers in the World; Capacities, Production and Applications: Status Quo and Trends towards 2020, 3rd Edition. www.bio-based.eu/markets.

Oehlmann, J., Schulte-Oehlmann, U., Kloas, W., Jagnytsch, O., Lutz, I., Kusk, K. O., Wollenberger, L., Santos, E. M., Paull, G. C., Van Look, K. J. W., & Tyler, C. R. (2009). A critical analysis of the biological impacts of plasticizers on wildlife. *Philosophical transactions of the Royal Society of London. Series B, Biological sciences, 1526,* 2047–2062. https://doi.org/10.1098/rstb.2008.0242.

Patel, M. M., Goyal, B. R., Bhadada, S. V., Bhatt, J. S., & Amin, A. F. (2009). Getting into the brain: Approaches to enhance brain drug delivery. *CNS drugs, 1,* 35–58.

PlasticsEurope. (2013). Plastics – The facts 2013. An analysis of European latest plastics production, demand and waste data. http://www.plasticseurope.org/documents/docu-ment/20131018104201-plastics_the_facts_2013.pdf. Zugegriffen: 3. Okt. 2014.

Rios, L. M., Moore, C., & Jones, P. R. (2007). Persistent organic pollutants carried by syn-thetic polymers in the ocean environment. *Marine Pollution Bulletin, 8,* 1230–1237. https://doi.org/10.1016/j.marpolbul.2007.03.022.

Rosado-Berrios, C. A., et al. (2011). Mitochondrial permeability and toxicity of diethyl-hexyl and monoethylhexyl phthalates on TK6 human lymphoblasts cells. *Toxicology in Vitro: An International Journal Published in Association with BIBRA, 25*(8), 2010–2016.

Ryan, P. G., Moore, Charles J., van Franeker, Jan A., & Moloney, Coleen L. (2009). Moni-toring the abundance of plastic debris in the marine environment. *Philosophical trans-actions of the Royal Society of London. Series B, Biological sciences, 1526,*1999–2012. https://doi.org/10.1098/rstb.2008.0207.

Saechtling, H., & Baur, E. (2007). *Saechtling-Kunststoff-Taschenbuch* (30. Aufl.). Mün-chen: Hanser.

Selke, S. E. M., & Culter, J. D. (2016). *Plastics packaging – Properties, processing appli-cations and regulations* (3. Aufl.). München: Hanser.

Stryer, L. (1990). *Biochemie.* Heidelberg: Spektrum der Wissenschaft.

Teuten, E. L., Saquing, J. M., Knappe, D. R. U., Barlaz, M. A., Jonsson, S., Björn, A., Rowland, S. J., Thompson, R. C., Galloway, T. S., Yamashita, R., Ochi, D., Watanuki, Y., Moore, C., Viet, P. H., Tana, T. S., Prudente, M., Boonyatumanond, R., Zakaria, M. P., Akkhavong, K., Ogata, Y., Hirai, H., Iwasa, S., Mizukawa, K., Hagino, Y., Imamura, A., Saha, M., & Takada, H. (2009). Transport and release of chemicals from plastics to the environment and to wildlife. *Philosophical transactions of the Royal Society of London. Series B, Biological sciences, 1526,* 2027–2045. https://doi.org/10.1098/rstb.2008.0284.

Thalheim, M. (2016). Phthalate: Innovation mit Nebenwirkung. *Dtsch Arztebl, 113*(45), A-2036/B-1704/C-1688.

The Ocean Cleanup. (2018). www.theoceancleanup.com.

Torre, M., Digka, N., Anastasopoulou, A., Tsangaris, C., & Mytilineou, C. (2016). Anthropogenic microfibres pollution in marine biota. A new and simple methodology to minimize airborne contamination. *Marine Pollution Bulletin, 113*(1–2), 55–61.

Troitzsch, J. (2012). Flammschutzmittel. Anforderungen und Innovationen. *Kunststoffe, 11*, 84.

Umweltbundesamt. (2016). Polyzyklische Aromatische Wasserstoffe – Umweltschädlich! Giftig! Unvermeidbar? https://www.umweltbundesamt.de/sites/default/files/medien/376/publikationen/polyzyklische_aomatische_kohlenwasserstoffe.pdf.

Van Cauwenberghe, L., & Janssen, C. R. (2014). Microplastics in bivalves cultured for human consumption. *Environmental Pollution, 193*, 65–70.

van Franeker, J. A., & Law, K. L. (2015). Seabirds, gyres and global trends in plastic pollution. *Environmental Pollution, 203*, 89–96.

Wick, A., Jacobs, B., Kunkel, U., Peter H., & Ternes, T. (2016). Benzotriazole UV stabilizers in sediments, suspended particulate matter and fish of German rivers: New insights into occurrence, time trends and persistency. *Environmental Pollution, 212*, 401–412.

Wiig, O., Derocher, A. E., Cronin, M. M., & Skaare, J. U. (1998). Female pseudohermaphrodite polar bears at Svalbard. *Journal of Wildlife Diseases, 4*,792–796. https://doi.org/10.7589/0090-3558-34.4.792.

Zhang, Z. et al. (2017). *Nature Communications* volume 8, Article number: 14585.

Zubris, K. A. V., & Richards, B. K. (2005). Synthetic fibers as an indicator of land application of sludge. *Environmental Pollution* (Barking, Essex: 1987), *2*, 201–211. https://doi.org/10.1016/j.envpol.

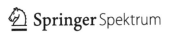